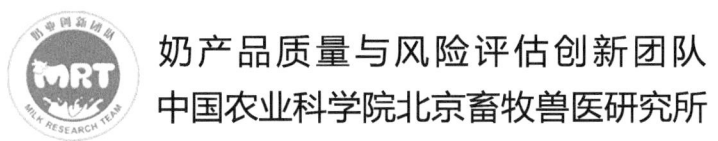

奶产品质量与风险评估创新团队
中国农业科学院北京畜牧兽医研究所

# 中国奶产品质量安全研究报告

(2022年)

王加启 主编

中国农业科学技术出版社

图书在版编目（CIP）数据

中国奶产品质量安全研究报告.2022年/王加启主编.--北京：中国农业科学技术出版社，2023.6
ISBN 978-7-5116-5981-1

Ⅰ.①中… Ⅱ.①王… Ⅲ.①乳制品－产品质量－安全管理－研究报告－中国－2022　Ⅳ.①TS252.7

中国版本图书馆CIP数据核字（2022）第199289号

责任编辑　金　迪
责任校对　李向荣
责任印制　姜义伟　王思文

| | |
|---|---|
| 出 版 者 | 中国农业科学技术出版社 |
| | 北京市中关村南大街12号　邮编：100081 |
| 电　　话 | （010）82106625（编辑室）　（010）82109702（发行部） |
| | （010）82109709（读者服务部） |
| 网　　址 | https://castp.caas.cn |
| 经 销 者 | 各地新华书店 |
| 印 刷 者 | 北京建宏印刷有限公司 |
| 开　　本 | 185mm×260mm　1/16 |
| 印　　张 | 5.5 |
| 字　　数 | 48千字 |
| 版　　次 | 2023年6月第1版　2023年6月第1次印刷 |
| 定　　价 | 98.00元 |

◆━━版权所有·侵权必究━━◆

# 《中国奶产品质量安全研究报告（2022年）》

## 编 委 会

主　任：李金祥

副主任：梅旭荣　李培武　秦玉昌　钱永忠
　　　　张智山

委　员（按姓氏笔画排序）：

　　　　王　强　王凤忠　刘　新　刘潇威

　　　　李　熠　邱　静　陆柏益　陈兰珍

　　　　罗林广　周昌艳　郑永权　聂继云

　　　　徐东辉　郭燕枝　焦必宁

# 《中国奶产品质量安全研究报告（2022年）》
# 编写人员

主　编：王加启

副主编：郑　楠

编　者（按姓氏笔画排序）：

| | | | |
|---|---|---|---|
| 丰东升 | 王　成 | 王丽芳 | 车跃光 |
| 叶巧燕 | 刘慧敏 | 李　红 | 李　栋 |
| 李　琴 | 李爱军 | 杨祯妮 | 肖湘怡 |
| 张　进 | 张佩华 | 张树秋 | 张养东 |
| 陈　贺 | 周振峰 | 郑百芹 | 孟　璐 |
| 赵圣国 | 赵善仓 | 姚一萍 | 顾佳升 |
| 高亚男 | 陶大利 | 韩荣伟 | 韩奕奕 |
| 程广燕 | 程建波 | 戴春风 | |

# 前 言

绿色，孕育着希望。《中国奶产品质量安全研究报告》（简称"绿皮书"）以绿色为主色，寓意中国奶业肩负着人民健康的使命和强壮民族的希望。

新冠肺炎疫情的持续和反复不仅让人们更重视身体健康，也提醒了我们要重新审视食物营养健康的重要性。奶类具有"基础营养"和"活性营养"双重功能，将为实现健康中国、强壮民族的目标发挥突出作用。

自2016年以来绿皮书每年发布，今年是第七年，其客观、科学地展现了奶业发展的状况，重点介绍奶业质量安全技术研究进展。

2021年，农业农村部奶产品质量安全风险评估实验室（北京）和国家奶业科技创新联盟联合9家全国奶产品质量安全风险实验室（站）和25个省60家乳制品企业，对中国奶业的基本情况、国产奶质量安全情况、国产奶与进口奶质量安全水平比较、国家优质乳工程的实施成效进行了系统的分析和评估研究，同时对2021年亮点工作进行了介绍。

　　本绿皮书立足于奶业创新团队的研究结果和国内外资料综述。在内容上，每年有不同的侧重点，而不是面面俱到，也不能解决或回答所有问题。编写本报告仅为做强做优我国奶业，为消费者能喝上优质奶，保障中国人自己的奶瓶子提供一点参考。不足之处，请批评指正。

# 目 录

**第一章 中国奶业基本情况** ………………………………… 1

  一、奶业生产 ………………………………………… 2

  二、乳品加工 ………………………………………… 3

  三、乳品消费 ………………………………………… 5

  四、乳品贸易 ………………………………………… 6

**第二章 国产奶质量安全情况** ……………………………… 8

  一、奶制品安全高于全国食品安全平均水平 ……… 9

  二、国产婴幼儿配方奶粉继续保持高质量安全水平 … 9

  三、国产奶质量安全水平与欧盟比较 ……………… 10

  四、城镇化驱动消费增长 …………………………… 11

**第三章 国产奶与进口奶质量安全水平比较** …………… 13

  一、国产奶与进口奶安全水平比较 ………………… 14

  二、国产奶与进口奶质量水平比较 ………………… 20

## 第四章　中国优质乳工程 ………………………………… 36

一、优质乳工程企业总体介绍 ……………………………… 39

二、优质乳工程产品抽检与复评审情况 …………………… 40

三、优质乳产品质量评价 …………………………………… 44

四、优质牧场原料奶质量评价 ……………………………… 46

五、优质乳工程大事记 ……………………………………… 49

## 参考文献 ………………………………………………………… 75

# 第一章 中国奶业基本情况

- ◆ 奶业生产
- ◆ 乳品加工
- ◆ 乳品消费
- ◆ 乳品贸易

## 一、奶业生产

2021年，我国奶类总产量约3 778万吨，其中牛奶产量3 683万吨，比2020年增加234万吨，同比增长7.1%（图1-1）。从奶业区域布局来看，内蒙古、黑龙江、河北牛奶产量分别为673.2万吨、500.3万吨、498.4万吨，分别占我国牛奶总产量的18.3%、13.6%、13.5%，排名前五的省份总产量占全国牛奶总产量的60.8%。奶牛养殖规模化程度继续提升。据农业农村部监测数据，2021年100头以上的奶牛标准化规模养殖场比重达70%，同比提高3个百分点。另外，养殖机械化、信息化、智能化水平也进一步提升。全国奶牛养

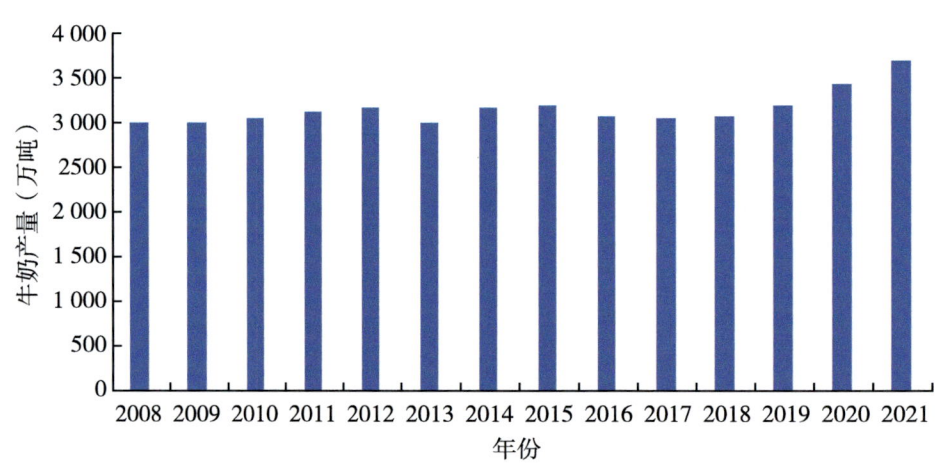

图1-1　2008—2021年我国牛奶产量
（数据来源：国家统计局，2022）

殖场（户）年末平均存栏为269头，比上年增加60头。奶站监测奶牛年末存栏561.2万头，奶牛单产8.7吨/年，同比增加2.3%。生鲜乳平均收购价格为4.29元/kg，同比增长13.2%。2021年国内奶牛养殖利益状况得到明显改善，每头奶牛年平均利润为6 840元。

## 二、乳品加工

据国家统计局数据，2021年我国规模以上奶制品企业累计产量3 031.7万吨（图1-2），同比增长9.4%。其中，液态奶和奶粉产量分别为2 843.0万吨、97.9万吨，比上年分别同比增长9.7%、1.8%。奶制品产量排名前十位的地区依次是河北、内蒙古、山东、河南、黑龙江、宁夏、江苏、湖北、安徽、陕西，产量合计2 071.4万吨，占全国总产量的68.3%。其中，河北省奶制品加工量居全国首位，约占全国的13.1%，其次是内蒙古，占比约12.1%，山东排第三位，占8.0%（图1-3）。国家统计局规模乳企监测数据显示，2021年全国奶制品加工销售总收入4 687.4亿元，同比增长10.3%，加工利润总额375.8亿元，同比下降5.7%，销售收入利润率为8.0%，比2020年下降0.2个百分点。

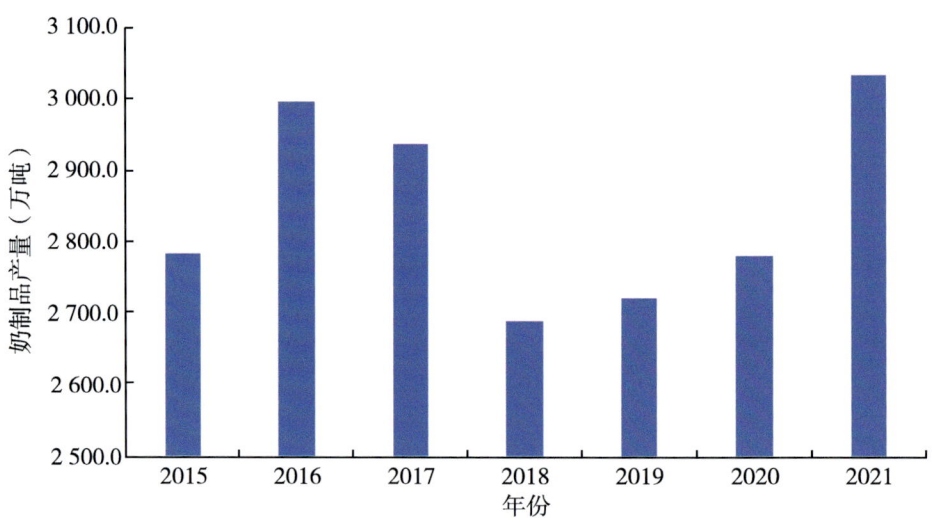

**图1-2 2015—2021年规模以上奶制品企业累计产量**

（数据来源：国家统计局，2021）

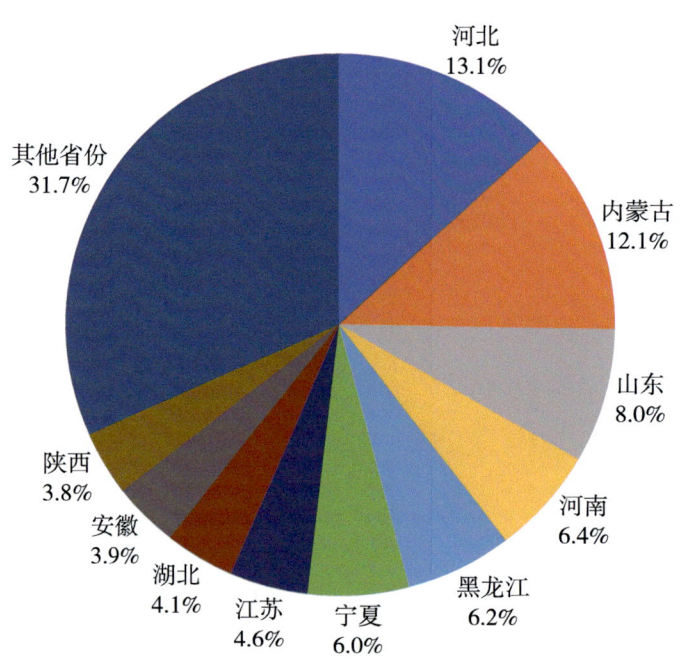

**图1-3 2021年全国奶制品产量排名情况**

（数据来源：国家统计局，2021）

## 三、乳品消费

根据国家统计局数据，2021年我国牛奶产量为3 683万吨，同比增长7.1%。如果以国内奶类总产量与折合原料奶的奶制品进口总量之和来衡量，2021年奶类需求约6 008万吨，人均奶类消费量达42.5kg，同比增长11.0%，是2006年以来我国奶类需求增长最快的一年，明显高于近10年3.8%的平均增长率。按照《中国居民膳食指南（2022）》中推荐每日300～500g奶制品摄入量的最低水平计，已经达到推荐量的38.8%，比2020年提高3.8个百分点。

据测算，2021年，我国液态奶消费量4 462.9万吨，人口以14.12亿计算，折合人均液态奶消费量31.6kg，与2020年相比提高9.3%。虽然液态奶消费在我国居民奶类消费中一直占据主导地位，但其消费占比却从1995年的94.9%大幅下降至2021年的74.3%。与液态奶消费占比相对的是干乳制品消费水平不断提升，同期干乳制品在奶类消费中的占比提高了20.6个百分点，特别是2009年，干乳制品的消费占比同比增长72%，此后以年均8.4%的增速保持较高速度增长（图1-4，图1-5）。2021年奶粉、黄油和奶酪的消费占比分别为16.9%、1.7%、2.9%。

图1-4  1995—2021年我国液态奶和干乳制品消费趋势

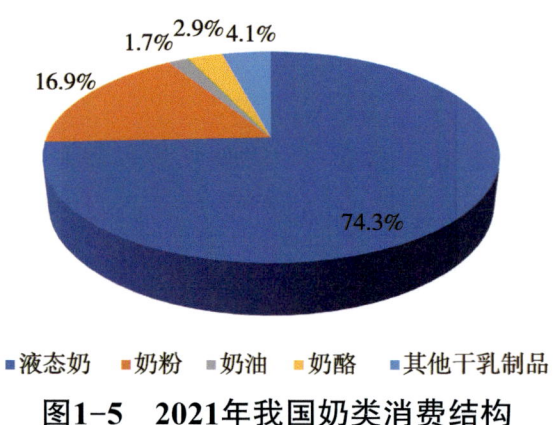

图1-5  2021年我国奶类消费结构

## 四、乳品贸易

我国奶制品进口持续增长。据海关总署统计，2021年，我国进口各类奶制品394.7万吨，同比增长18.5%，折合鲜奶约2 251万吨。其中，进口干乳制品265.1万吨，同比增长17.4%，进口液态奶129.6万吨，同比增长20.8%。从干乳制品品类来看，大包粉进口量增至127.5万吨，同比增长

30.2%；进口奶酪17.6万吨，同比增长36.3%；进口婴幼儿配方奶粉26.2万吨，同比下降22.1%；进口奶油和乳清分别为13.1万吨、72.3万吨，同比各增长13.3%、15.5%。同期，我国共计出口各类奶制品4.5万吨，同比减少4.6%，出口额3.1亿美元，同比增长38.2%（图1-6，图1-7）。

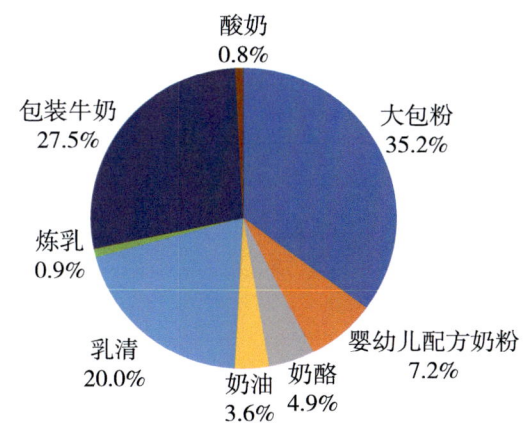

**图1-6　2021年我国进口各类奶制品占比情况**

（数据来源：中华人民共和国海关总署，2021）

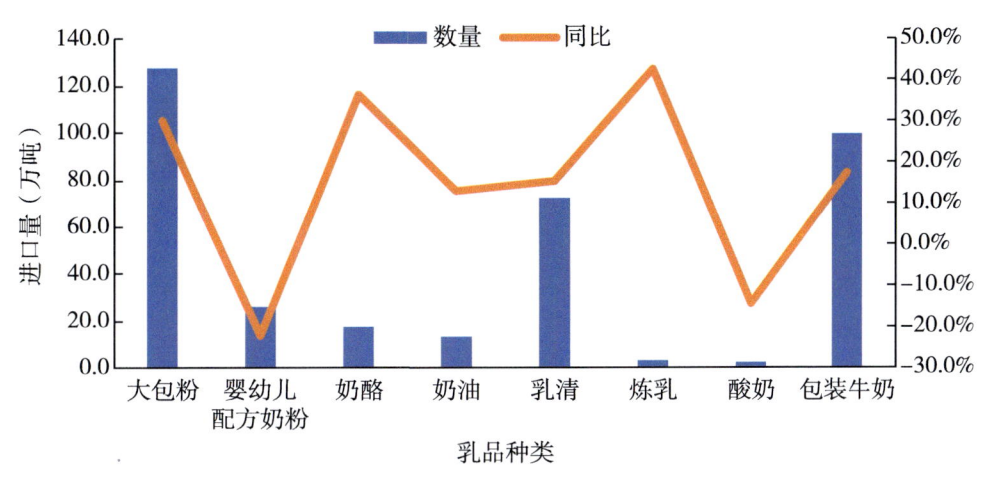

**图1-7　2021年我国各类奶制品进口量和同比变化**

（数据来源：中华人民共和国海关总署，2021）

# 第二章 国产奶质量安全情况

- 奶制品安全高于全国食品安全平均水平
- 国产婴幼儿配方奶粉继续保持高质量安全水平
- 国产奶质量安全水平与欧盟比较
- 城镇化驱动消费增长

## 一、奶制品安全高于全国食品安全平均水平

根据国家市场监督管理总局数据，2021年市场监管系统完成食品安全监督抽检695.4万批次，合格记录数为676.7万批次，不合格记录数18.7万批次，总体不合格比例2.7%。其中奶制品样品抽检100 032批次，不合格产品131批次，合格比例99.9%，不合格比例0.1%（表2-1）。奶制品合格率高于食品合格率平均水平，国产奶质量安全水平不断提升。

表2-1　2019—2021年国内食品安全比较

| 项目 | 2019年 | | 2020年 | | 2021年 | |
| --- | --- | --- | --- | --- | --- | --- |
| | 食品 | 奶制品 | 食品 | 奶制品 | 食品 | 奶制品 |
| 合格记录数（万） | 463.0 | 7.2 | 638.7 | 8.9 | 676.7 | 10.0 |
| 不合格记录数（万） | 10.8 | 0.02 | 14.8 | 0.01 | 18.7 | 0.01 |
| 不合格比例（%） | 2.3 | 0.3 | 2.1 | 0.1 | 2.7 | 0.1 |

数据来源：国家市场监督管理总局。

## 二、国产婴幼儿配方奶粉继续保持高质量安全水平

近年来，国家市场监督管理总局组织开展奶制品质量提

升行动，按照"放管服"的要求，进一步完善奶制品监管的法律法规，推动中国奶制品的高质量发展。国家食品安全监督抽检结果显示，我国奶制品、婴幼儿配方奶粉合格率连续7年达到99.8%以上，违法添加物三聚氰胺连续12年抽检合格率100.0%。2021年共监督抽检婴幼儿配方奶粉11 288批次，检出不合格样品13批次，合格率为99.9%。

## 三、国产奶质量安全水平与欧盟比较

2021年，中国奶业乳蛋白、乳脂肪的抽检平均值分别为3.3g/100g、3.8g/100g，达到发达国家水平；菌落总数、体细胞抽检平均值优于欧盟标准；婴幼儿配方奶粉中三聚氰胺等违禁添加物抽检合格率继续保持100.0%。当年，生鲜乳、奶制品抽检合格率均达到99.8%以上，而食品行业的整体合格率为97.3%，乳品安全位居整个食品行业前列。据欧盟食品与饲料快速预警系统（RASFF）统计数据，2021年欧盟食品不合格通报4 102起，其中与奶产品相关45起，占1.1%。同年，中国奶制品抽检不合格率为0.1%，婴幼儿配方奶粉不合格率为0.1%，整体优于欧盟水平。

## 四、城镇化驱动消费增长

2021年乳品消费市场延续恢复态势，城镇化驱动消费增长，乳品消费更注重健康化、绿色化。凯度消费者指数中国城市家庭样组数据显示，2021年液态奶制品整体销售额同比增长4.4%，渗透率99.6%；成人奶粉销售额同比增长6.5%，渗透率40.5%。根据销售额增长贡献分析，液态奶制品4.4%的增速中，1.3%来自价格提升的贡献，2.9%来自城镇化带来的购买人群规模的扩张贡献，1.4%由单次购买量的增加贡献。成人奶粉6.5%的增速中，中国城市家庭数量的增加和渗透率的提升分别贡献了2.9%和2.8%的增长，均价和单次购买量的小幅下滑拉低了品类的增速。从城市级别来看，2021年液态奶制品在北京、上海、广州、成都四个重点城市销售额小幅下滑，在地级市销售额同比增速最高，为6.3%，县级市及县城和省会城市销售额增长较好，同比增速分别为5.5%和3.8%。成人奶粉在地级市销售额同比增长率为8.3%，其次为县级市及县城、省会城市和重点城市，销售额同比增长率分别为8.1%、4.0%、-0.7%。

消费者健康认知在加速升级。消费者更加关注产品原料及成分，低糖、对环境友好的植物基类产品广受关注。据伊利集团消费趋势报告（奶制品）显示，2021年益生菌保健品销售额较2019年增长27.0%，低温鲜奶销售量较2019年增长24.0%；无糖低温酸奶销售额较2020年增长49.0%，全糖低温酸奶销售额同比下滑17.0%。无糖低温奶并不具有价格优势，消费者对其需求强劲，说明在新冠肺炎疫情重塑人们健康意识下，消费者对健康的生活方式、功能化和个性化产品更加重视。

# 第三章 国产奶与进口奶质量安全水平比较

- ◆ 国产奶与进口奶安全水平比较

- ◆ 国产奶与进口奶质量水平比较

2021年，中国规模以上奶制品企业累计产量达到3 031.7万吨，奶制品进口量累计达到394.7万吨，产量与进口量均呈现出增长的态势。因此，农业农村部奶产品质量安全风险评估实验室（北京）延续从2015年开始的我国大中城市销售的液态奶进行调研、检测和验证，2021年继续系统开展了我国市售国产与进口液态奶及婴幼儿配方奶粉质量安全比较研究。这些研究得到了国家奶产品质量安全风险评估重大专项和国家奶业科技创新联盟等的支持，也得到了社会各界的普遍认可。2021年的风险评估研究结果表明，我国奶制品整体情况较好，质量水平明显高于进口液态奶制品。

## 一、国产奶与进口奶安全水平比较

### （一）国产巴氏杀菌奶与进口巴氏杀菌奶安全指标比较

#### 1. 黄曲霉毒素$M_1$

黄曲霉毒素$M_1$（Aflatoxin $M_1$，$AFM_1$）主要存在于奶中，是一种剧毒物质，具有较强的致病性。它的致病性主要包括毒性和致癌性两方面。国际癌症研究机构将$AFM_1$定为1类致癌物。$AFM_1$性质稳定，常见的牛奶加工方式无法破坏其结构，因此各国对奶及奶制品中AFM$_1$限量的要求非常严格。

农业农村部奶产品质量安全风险评估实验室（北京）从2015年起开展了国产巴氏杀菌奶与进口巴氏杀菌奶中AFM$_1$的风险评估研究，连续7年研究结果表明，国产与进口巴氏杀菌奶AFM$_1$的含量均未超过我国和美国（≤0.50μg/kg）及欧盟（≤0.05μg/kg）的限量标准。

**2. 兽药残留**

奶牛饲养过程中，由于不合理使用治疗药物和饲料药物添加剂，可能导致生鲜乳中存在兽药残留现象。兽药残留是指用药后蓄积或存留于畜禽机体或产品（如鸡蛋、奶品、肉品等）中的原型药物或其代谢产物，包括与兽药有关的杂质的残留。牛奶中的兽药残留主要来自奶牛疾病预防和治疗过程中所使用的药物。中国于2019年颁布实施的《食品安全国家标准 食品中兽药最大残留限量》（GB 31650—2019）对奶中兽药残留进行了规定。

农业农村部奶产品质量安全风险评估实验室（北京）从2015年起开展了国产巴氏杀菌奶与进口巴氏杀菌奶中兽药残留风险评估研究，结果表明国产与进口巴氏杀菌奶均不存在使用违禁兽药或兽药残留超限量标准的情况。其中2021年开展了八大类61种兽药残留状况的风险评估，未出现超标及违禁药物滥用现象。

### 3. 重金属铅

乳中重金属污染，主要是铅、铬、汞、砷等具有明显生物毒性的重金属，进入人体后较难排出，在累积效应下，会导致人体发生慢性中毒，甚至导致严重病变。

农业农村部奶产品质量安全风险评估实验室（北京）从2015年起开展了国产巴氏杀菌奶与进口巴氏杀菌奶中重金属铅的风险评估研究，结果表明国产与进口巴氏杀菌奶中重金属铅含量均低于我国限量标准（≤0.05mg/kg）。

## （二）国产UHT奶与进口UHT奶安全指标比较

### 1. 黄曲霉毒素$M_1$

农业农村部奶产品质量安全风险评估实验室（北京）从2015年起开展了国产超高温灭菌（UHT）奶与进口UHT奶中$AFM_1$的风险评估研究，连续7年研究结果表明，国产与进口UHT奶$AFM_1$的含量均未超过我国和美国（≤0.50μg/kg）及欧盟（≤0.05μg/kg）的限量标准。

**2. 兽药残留**

农业农村部奶产品质量安全风险评估实验室（北京）从2015年起连续开展了国产UHT奶与进口UHT奶中兽药残留风险评估研究，结果表明国产与进口UHT奶均不存在使用违禁兽药或兽药残留超标的情况。

**3. 重金属铅**

农业农村部奶产品质量安全风险评估实验室（北京）从2015年起开展了国产UHT奶与进口UHT奶中重金属铅的风险评估研究，结果表明国产与进口UHT奶重金属铅含量均低于我国限量标准（≤0.05mg/kg）。

## （三）国产婴幼儿配方奶粉与进口婴幼儿配方奶粉安全指标比较

**1. 黄曲霉毒素$M_1$**

农业农村部奶产品质量安全风险评估实验室（北京）从2020年起开展了国产与进口婴幼儿配方奶粉中$AFM_1$风险评估研究，2021年共对29款国产和进口产品开展评估。连续

2年研究结果表明，国产与进口婴幼儿配方奶粉中均未检出$AFM_1$。其中，2021年国产及进口的29款产品中，1段产品均符合《食品安全国家标准 婴儿配方食品》（GB 10765—2010）规定，2段产品与3段产品均符合《食品安全国家标准 较大婴儿和幼儿配方食品》（GB 10767—2010）规定。

**2. 农药残留**

农药残留是指任何由于使用农药而在食品、农产品和动物饲料中出现的特定物质，包括被认为具有毒理学意义的农药衍生物，如农药转化物、代谢物、反应产物及杂质。牛奶中的农药残留主要来源于：动物食用含有农药残留的植物或饲料后通过食物链在体内蓄积；为驱杀害虫或防止病害直接用于奶牛的农药残留。在食物营养链中奶类处于较高级，所以其含有的农药残留量相对较高。国内外毒理学专家经过大量的试验研究证明，牛奶中农药残留污染对人体健康的危害属于长时期、微剂量、慢性细微毒性效应。因此，奶及奶制品中农药残留的检测也备受各国的重视。

农业农村部奶产品质量安全风险评估实验室（北京）从2020年起开展了国产与进口婴幼儿配方奶粉中农药残留风险评估研究，连续2年的研究结果表明，国产与进口婴幼儿配方奶粉中均未检出农药残留。其中，2021年对国产及进口的29款产品开展80项农药残留检测，结果显示均未检出农药残留。

### 3. 兽药残留

农业农村部奶产品质量安全风险评估实验室（北京）从2020年起开展了国产与进口婴幼儿配方奶粉中61项抗菌药物残留评估研究，连续2年研究结果表明，国产与进口婴幼儿配方奶粉均未检出抗菌药物残留。

### 4. 重金属

农业农村部奶产品质量安全风险评估实验室（北京）从2020年起开展了国产与进口婴幼儿配方奶粉中重金属（铅、铬、汞、砷）含量评估研究，连续2年研究结果表明，国产与进口婴幼儿配方奶粉中重金属（铅、铬、汞、砷）含量远低于《食品安全国家标准　食品中污染物限量》（GB 2762—2017）中限量要求。

## （四）小结

针对液态奶开展的2015—2021年连续7年的评价结果表

明：国产液态奶与进口液态奶中AFM$_1$、兽药残留和重金属铅等主要安全因子无显著差异，均符合我国食品安全国家标准，并达到欧美安全限量标准。

针对婴幼儿配方奶粉连续2年开展的评价结果表明：国产婴幼儿配方奶粉与进口婴幼儿配方奶粉中AFM$_1$、农药残留、兽药残留、重金属等主要安全因子无显著差异，均符合我国食品安全国家标准。

## 二、国产奶与进口奶质量水平比较

### （一）国产巴氏杀菌奶与进口巴氏杀菌奶质量指标比较

#### 1. 国产巴氏杀菌奶与进口巴氏杀菌奶营养品质指标比较

（1）乳铁蛋白

乳铁蛋白（Lactoferrin，LF）是乳汁中一种重要的铁结合糖蛋白，属于转铁蛋白家族，其分子量为80kDa，主要由乳腺上皮细胞表达和分泌。乳铁蛋白存在于大多数哺乳动物的初乳、常乳中（牛初乳中含量为1～2mg/mL，牛常乳中含量为0.1～0.4mg/mL）。牛乳铁蛋白与人乳铁蛋白的氨基酸序列同源性可达70%。乳铁蛋白被认为是一种重要的宿主防御分子，当机体受外界病菌感染时，体内的乳铁蛋白含量会显著上升。此外，它具有其他多种生物学活性功能，如抗氧化、抗炎、抗癌和免疫调节等功能。

农业农村部奶产品质量安全风险评估实验室（北京）从2017年起开展了国产巴氏杀菌奶与进口巴氏杀菌奶中乳铁蛋白评估研究。2019—2021年，国产巴氏杀菌奶乳铁蛋白含量平均值从24.5mg/L上升至46.7mg/L，而进口巴氏杀菌奶乳铁蛋白含量平均值从4.7mg/L上升至7.9mg/L（图3-1）。国产巴氏杀菌奶的乳铁蛋白含量平均值均显著高于进口巴氏杀菌奶的乳铁蛋白含量平均值（$P<0.05$）。

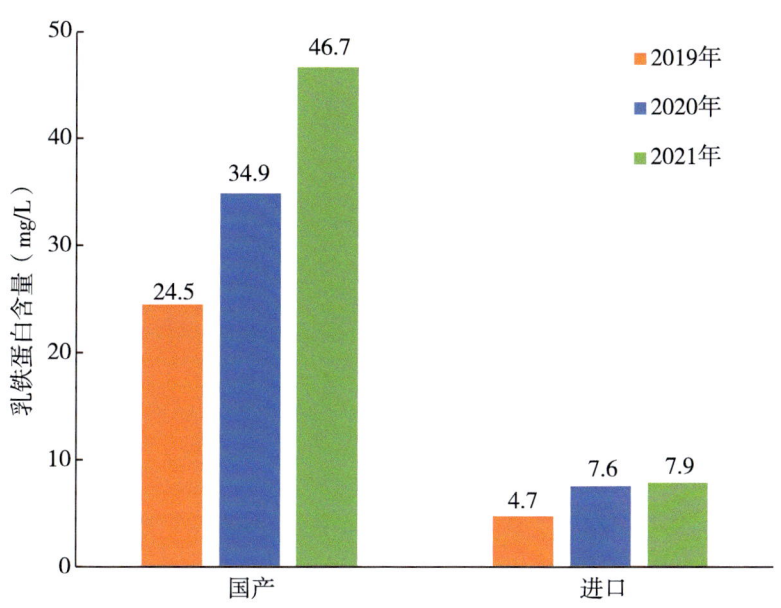

图3-1 国产与进口巴氏杀菌奶乳铁蛋白含量比较

### （2）β-乳球蛋白

β-乳球蛋白（β-lactoglobulin）是乳清蛋白的主要成分之一，占总蛋白质12%左右，占乳清蛋白50%左右。β-乳球蛋白的水解物或分子修饰物具有降胆固醇与抗氧化等生理活性，是牛奶中的重要活性因子。

农业农村部奶产品质量安全风险评估实验室（北京）从2016年起开展了国产巴氏杀菌奶与进口巴氏杀菌奶中β-乳球蛋白评估研究。2019—2021年，国产巴氏杀菌奶β-乳球蛋白含量持续提升，平均值从2 435.8mg/L上升至2 997.7mg/L，而进口巴氏杀菌奶β-乳球蛋白含量平均值从170.9mg/L上升至588.0mg/L（图3-2）。国产巴氏杀菌奶的β-乳球蛋白含量平均值均显著高于进口巴氏杀菌奶的β-乳球蛋白含量平均值（$P<0.05$）。

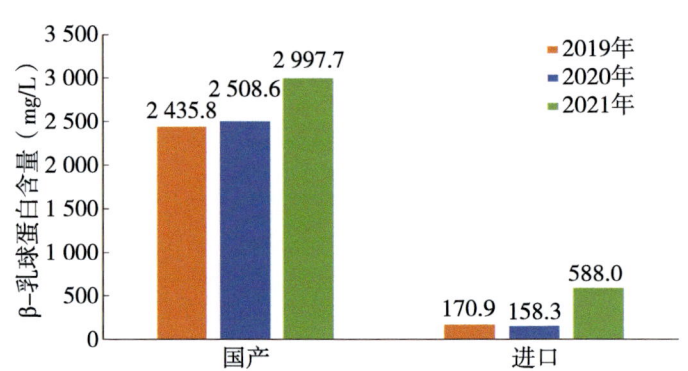

图3-2　国产与进口巴氏杀菌奶β-乳球蛋白含量比较

## (3) α-乳白蛋白

α-乳白蛋白（α-lactalbumin）是一种主要的乳清蛋白，具有调节产乳、细胞溶解活性、诱导细胞生长抑制和细胞凋亡等多种功能。

农业农村部奶产品质量安全风险评估实验室（北京）从2020年起开展了国产巴氏杀菌奶与进口巴氏杀菌奶中α-乳白蛋白评估研究。2020—2021年，国产巴氏杀菌奶α-乳白蛋白含量平均值从964.1mg/L上升至975.4mg/L，进口巴氏杀菌奶α-乳白蛋白含量平均值从449.6mg/L上升至490.8mg/L（图3-3）。国产巴氏杀菌奶的α-乳白蛋白含量平均值显著高于进口品牌的α-乳白蛋白含量平均值（$P<0.05$）。

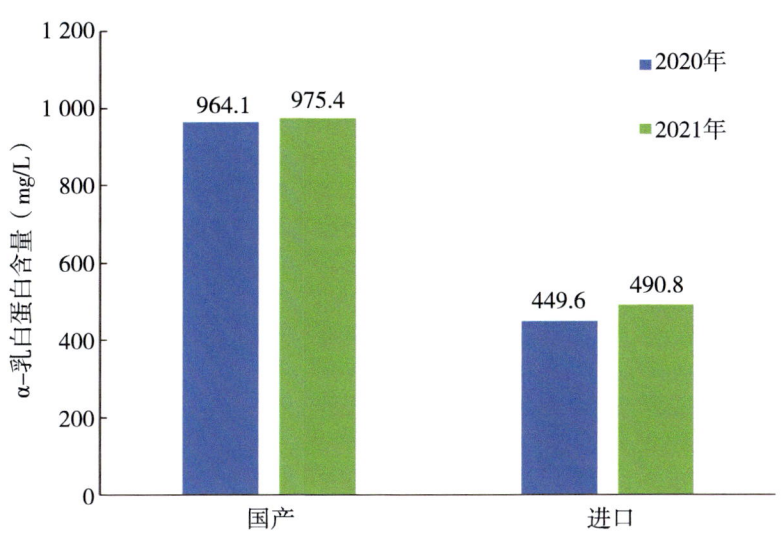

图3-3　国产与进口巴氏杀菌奶α-乳白蛋白含量比较

## 2. 国产巴氏杀菌奶与进口巴氏杀菌奶热伤害指标比较

（1）糠氨酸

国际上，糠氨酸（Furosine）含量是反映牛奶热加工程度的一个敏感指标。糠氨酸含量过高，表明牛奶的受热程度高、保存时间长或者运输距离远。生乳中糠氨酸含量微乎其微，为2～5mg/100g蛋白质，且含量不受奶牛品种和饲养环境变化影响。但是经过热加工后，奶制品中糠氨酸含量升高，其原因是乳中蛋白质的氨基在受热条件下，与乳糖的羰基发生了美拉德反应，生成糠氨酸。糠氨酸的含量主要与奶制品的加工工艺相关，反映了奶制品中赖氨酸的破坏程度，是奶制品中早期美拉德反应的特异性标示物，可指示奶制品热处理的强度。在牛奶中，糠氨酸经常作为评估牛奶营养物质热损伤程度的指标，糠氨酸的生成量与牛奶中活性营养成分含量呈负相关。糠氨酸还可以作为检测巴氏杀菌奶和UHT奶中是否添加复原乳的重要指标，因此，通过检测奶制品中的糠氨酸含量可以推测其热加工强度范围。

农业农村部奶产品质量安全风险评估实验室（北京）从2015年起开展了国产巴氏杀菌奶与进口巴氏杀菌奶中糠氨酸的风险评估研究，结果表明国产巴氏杀菌奶的糠氨酸含量平均值均显著低于进口巴氏杀菌奶的糠氨酸含量平均值（$P<0.05$）。2019—2021年，国产巴氏杀菌奶糠氨酸含量平均值从18.4mg/100g蛋白质下降至12.6mg/100g蛋白质，而进口巴氏杀菌奶糠氨酸含量平均值从60.3mg/100g蛋白质下降至45.2mg/100g蛋白质（图3-4）。

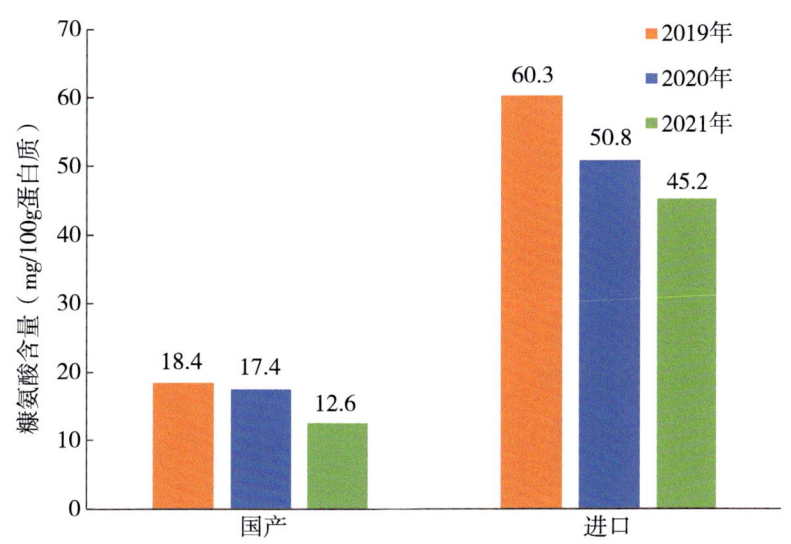

图3-4　国产与进口巴氏杀菌奶糠氨酸含量比较

（2）乳果糖

乳果糖（Lactulose）含量也是反映牛奶热加工程度的一项敏感指标。乳果糖含量过高，表明牛奶的受热程度高、保存时间长或者运输距离远。在牛奶中，乳果糖可以作为牛奶营养物质热损伤程度的一项指标，乳果糖的生成量与牛奶中活性营养成分含量呈负相关。

农业农村部奶产品质量安全风险评估实验室（北京）从2020年起开展了国产巴氏杀菌奶与进口巴氏杀菌奶中乳果糖评估研究。2020—2021年，国产与进口巴氏杀菌奶乳果糖含量均呈下降趋势。国产巴氏杀菌奶乳果糖含量平均值从55.6mg/L下降至37.1mg/L，进口巴氏杀菌奶乳果糖含量平均值从90.2mg/L下降至82.6mg/L（图3-5）。

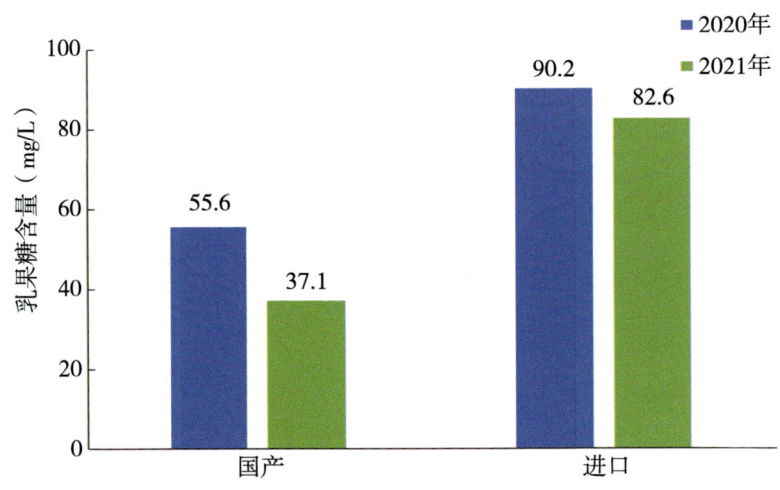

图3-5　国产与进口巴氏杀菌奶乳果糖含量比较

## （二）国产UHT奶与进口UHT奶质量指标比较

### 1. 国产UHT奶与进口UHT奶营养品质指标比较

（1）β-乳球蛋白

农业农村部奶产品质量安全风险评估实验室（北京）

从2016年起开展了国产UHT奶与进口UHT奶中β-乳球蛋白评估研究。2019—2021年，国产UHT奶β-乳球蛋白含量提高，平均值从159.9mg/L上升至170.1mg/L，而进口UHT奶β-乳球蛋白含量平均值从59.2mg/L上升至59.5mg/L（图3-6）。国产UHT奶的β-乳球蛋白含量平均值均显著高于进口UHT奶的β-乳球蛋白含量平均值（$P<0.05$）。

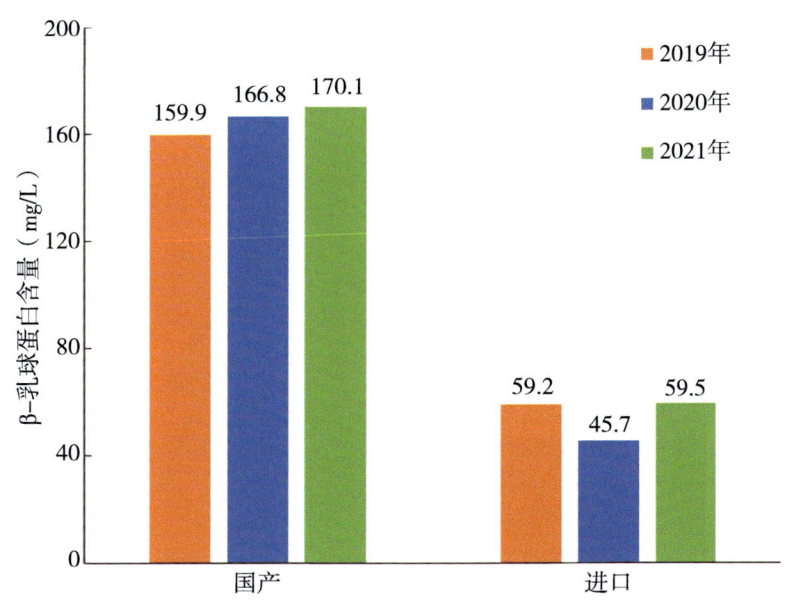

图3-6 国产与进口UHT奶β-乳球蛋白含量比较

**2. 国产UHT奶与进口UHT奶热伤害指标比较**

（1）糠氨酸

农业农村部奶产品质量安全风险评估实验室（北京）从2015年起开展了国产UHT奶与进口UHT奶中糠氨酸的

风险评估研究，连续7年研究结果表明，国产UHT奶的糠氨酸平均值均显著低于进口UHT奶的糠氨酸含量平均值（$P<0.05$）。2019—2021年，国产UHT奶糠氨酸含量平均值从199.4mg/100g蛋白质下降至124.2mg/100g蛋白质，进口UHT奶糠氨酸含量平均值亦呈下降趋势，从277.4mg/100g蛋白质降至183.1mg/100g蛋白质（图3-7），均低于国际UHT奶的糠氨酸含量推荐标准（≤250mg/100g蛋白质）（Schlimme等，1996）。

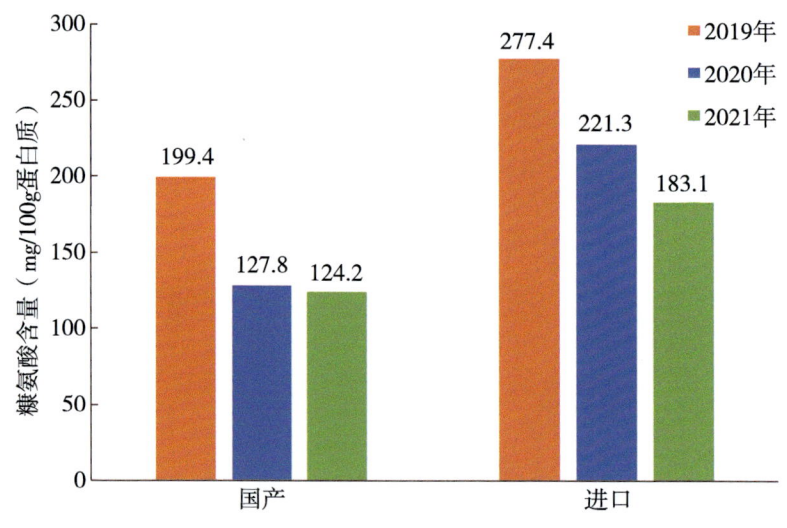

图3-7 国产与进口UHT奶糠氨酸含量比较

（2）乳果糖

农业农村部奶产品质量安全风险评估实验室（北京）从2020年起开展了国产UHT奶与进口UHT奶中乳果糖评

估研究。2020—2021年，国产UHT奶乳果糖含量平均值从441.8mg/L下降至415.8mg/L，而进口UHT奶乳果糖含量平均值从415.8mg/L上升至506.6mg/L（图3-8）。

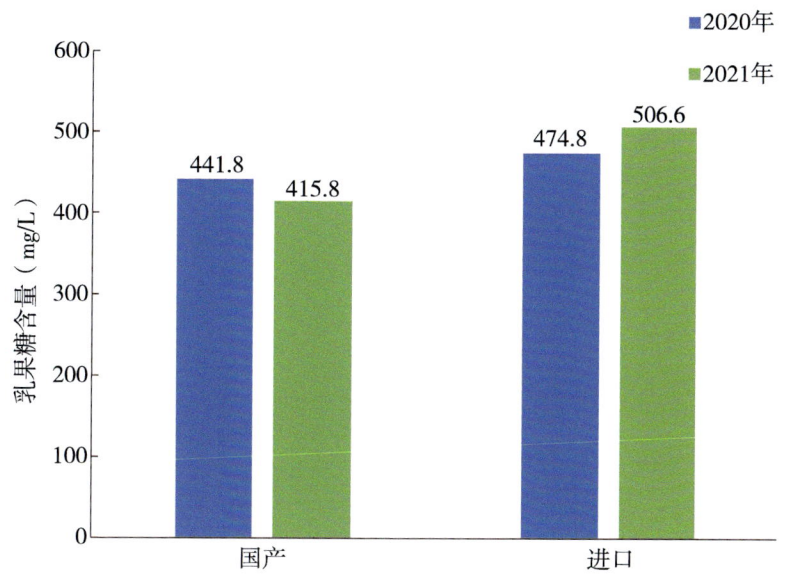

图3-8 国产与进口UHT奶乳果糖含量比较

（三）国产婴幼儿配方奶粉与进口婴幼儿配方奶粉质量指标比较

1.国产婴幼儿配方奶粉与进口婴幼儿配方奶粉营养品质指标比较

（1）脂肪

婴幼儿配方奶粉中的脂肪不仅是婴幼儿膳食能量的重要

来源，同时也可以延缓婴幼儿胃肠的排空时间，提供必需脂肪酸且有助于脂溶性维生素的吸收。因为牛羊乳的脂肪酸组成和人乳的差异较大，婴幼儿配方奶粉通过添加不同种类植物油来调整脂肪酸的组成，使其更接近人乳。

2021年，国产婴幼儿配方奶粉17款中脂肪含量平均值为23.1%，与2020年无显著差异（$P>0.05$）；进口婴幼儿配方奶粉12款中脂肪含量平均值为20.3%，略低于2020年的20.6%（图3-9）。

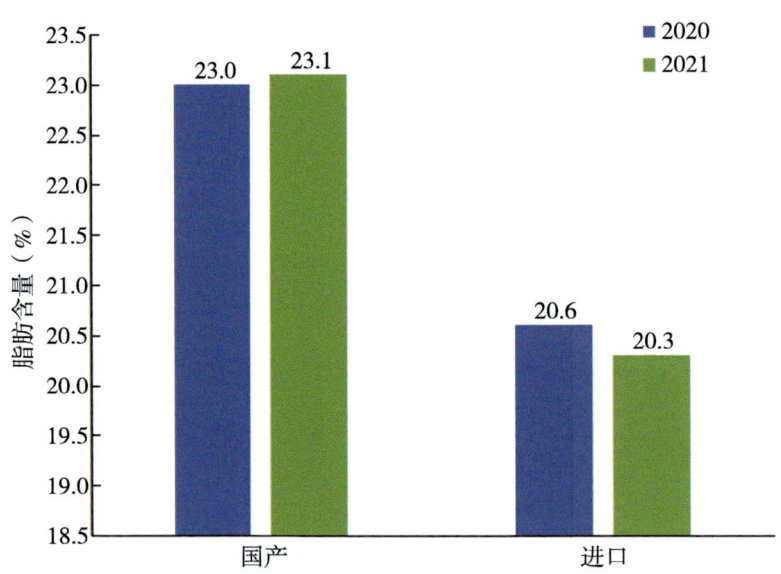

图3-9 国产与进口婴幼儿配方奶粉脂肪含量比较

（2）蛋白质

蛋白质是婴幼儿配方奶粉中的必需营养物质之一，是所有生命细胞极其重要的结构成分和活性物质。摄入足量的蛋白质也是生成抗体所必需的，抗体是保护人体免受感染性疾病的物质。如果婴儿饮食中缺乏蛋白质，则无法维持正常、健康的生长速率，严重的可导致生长迟缓。

2021年，国产婴幼儿配方奶粉17款中蛋白质含量平均值为15.4%，略低于2020年的16.0%；进口婴幼儿配方奶粉12款中蛋白质含量平均值仍低于国产婴幼儿配方奶粉，为14.7%（图3-10）。

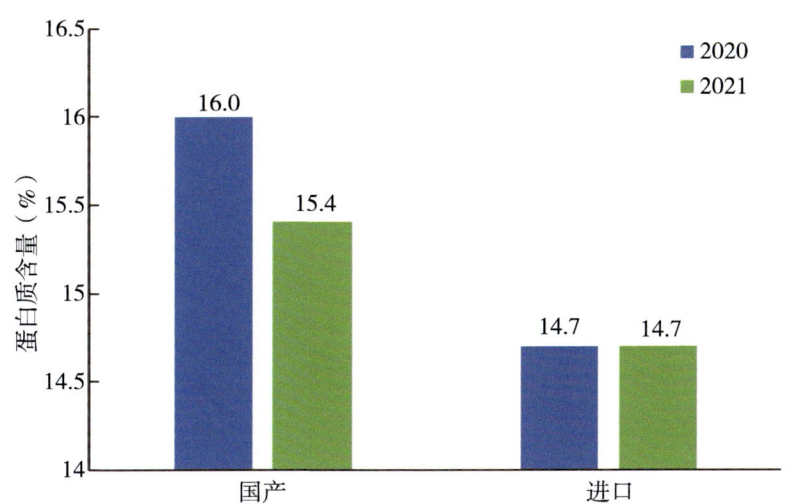

图3-10　国产与进口婴幼儿配方奶粉蛋白质含量比较

（3）α-乳白蛋白

α-乳白蛋白是乳清蛋白中最优质的蛋白质，占乳清蛋白含量的27%，而且α-乳白蛋白含有丰富的色氨酸，色氨酸被认为是调节婴儿睡眠、情绪和食欲的重要营养物质，有助于婴儿睡眠，促进大脑发育。另外，α-乳白蛋白能提供最接近母乳的氨基酸组合，提高蛋白质的生物利用度，降低蛋白质总量，从而有效减轻肾脏负担。

2021年，国产婴幼儿配方奶粉17款中α-乳白蛋白含量平均值为7 716.7mg/kg，显著高于进口婴幼儿配方奶粉12款中α-乳白蛋白含量平均值（5 305.5mg/kg，$P<0.05$）（图3-11）。

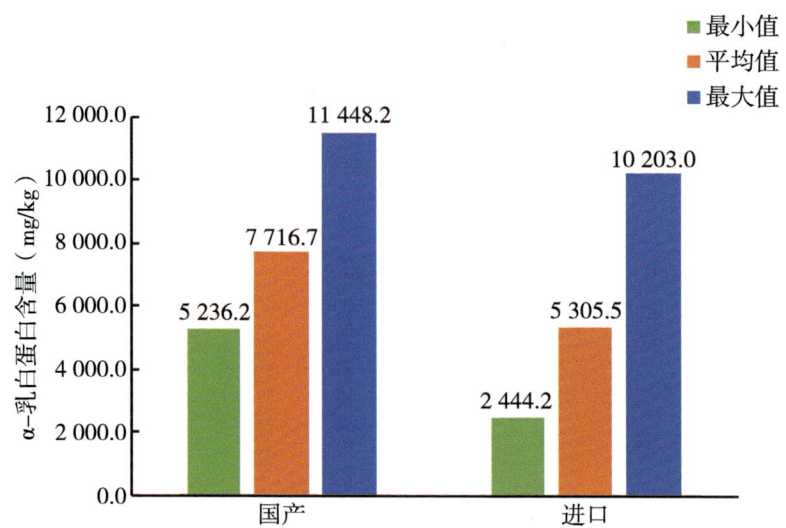

**图3-11　国产与进口婴幼儿配方奶粉α-乳白蛋白含量比较**

（4）β-乳球蛋白

2021年，国产婴幼儿配方奶粉17款中β-乳球蛋白含量平均值为3 313.8mg/kg，进口婴幼儿配方奶粉12款中β-乳球蛋白含量平均值显著低于国产婴幼儿配方奶粉,为2 511.8mg/kg（$P<0.05$）（图3-12）。

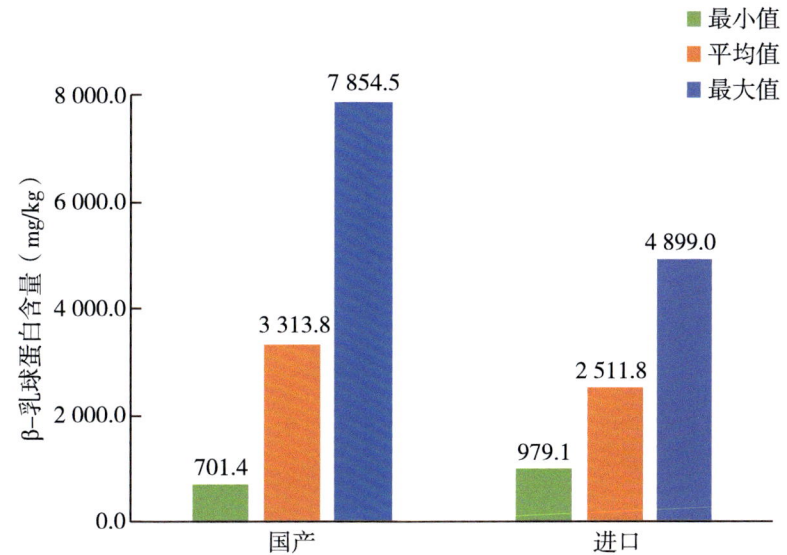

图3-12　国产与进口婴幼儿配方奶粉β-乳球蛋白含量比较

**2. 国产婴幼儿配方奶粉与进口婴幼儿配方奶粉热伤害指标比较**

（1）糠氨酸

2021年,国产婴幼儿配方奶粉17款中糠氨酸含量平均值为585.8mg/100g蛋白质,低于2020年的637.9mg/100g蛋白质；进口婴幼儿配方奶粉12款中糠氨酸含量平均值为662.7mg/100g蛋白质,低于2020年的671.1mg/100g蛋白质（图3-13）。

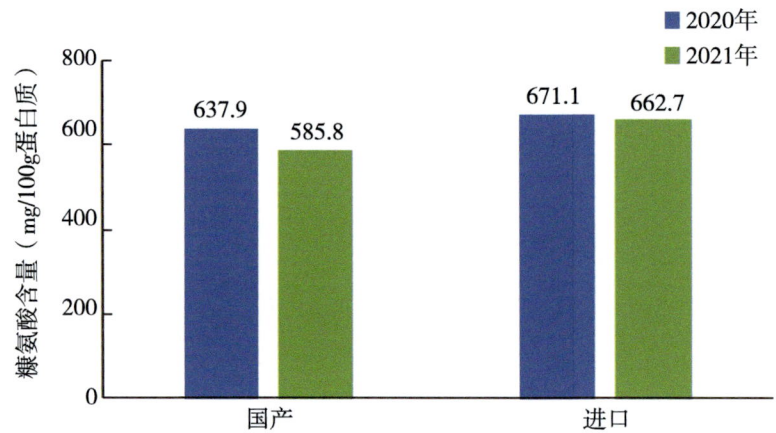

图3-13　国产与进口婴幼儿配方奶粉糠氨酸含量比较

(2)乳果糖

2021年，国产婴幼儿配方奶粉17款中乳果糖含量平均值为1 114.1mg/kg，高于2020年的1 031.0mg/kg；进口婴幼儿配方奶粉12款中乳果糖含量平均值高于国产婴幼儿配方奶粉，为1 413.4mg/kg（图3-14）。

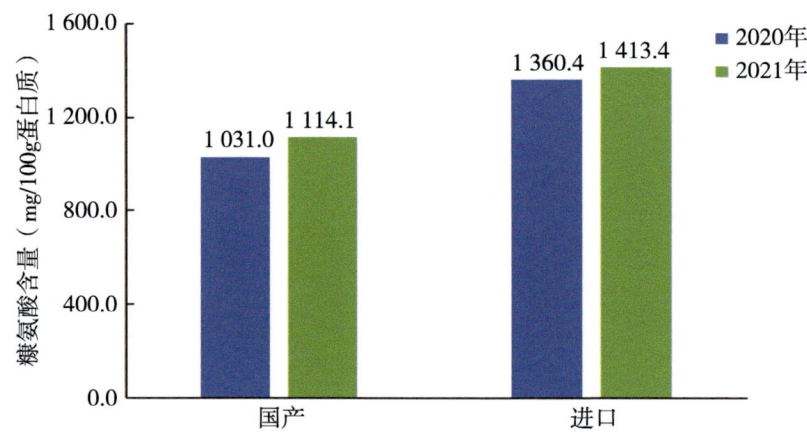

图3-14　国产与进口婴幼儿配方奶粉乳果糖含量比较

## （四）小结

针对液态奶开展的2015—2021年连续7年的评价结果表明，进口液态奶的糠氨酸含量显著高于国产液态奶，而乳铁蛋白和β-乳球蛋白含量则显著低于国产液态奶。由此可见，进口液态奶制品存在过度加热或长期贮存的情况，造成其中乳铁蛋白等生物活性物质损失严重。

针对婴幼儿配方奶粉开展的2020—2021年连续2年的评价结果表明，国产和进口婴幼儿配方奶粉均安全，进口婴幼儿配方奶粉的糠氨酸含量和乳果糖含量高于国产婴幼儿配方奶粉，而α-乳白蛋白含量、β-乳球蛋白含量和乳清蛋白总量等则显著低于国产婴幼儿配方奶粉。由此可见，国产婴幼儿配方奶粉更加营养、更加新鲜。

# 第四章 中国优质乳工程

- ◆ 优质乳工程企业总体介绍
- ◆ 优质乳工程产品抽检与复评审情况
- ◆ 优质乳产品质量评价
- ◆ 优质牧场原料奶质量评价
- ◆ 优质乳工程大事记

## 2021年亮点工作
——国家优质乳工程标识发布

优质乳是全球奶业发展的方向，其核心理念是为消费者提供真正的"安全健康、绿色低碳、营养鲜活"的奶产品。农业农村部积极探索机制创新，成立了国家农业科技创新联盟。在国家农业科技创新联盟总体部署下，2016年成立国家奶业科技创新联盟，大力实施优质乳工程，首次明确提出"优质奶产自本土奶"的科学理念，引领国产奶提升核心竞争力。国家优质乳工程包括优质乳标识、优质生鲜乳用途分级标准、优质乳加工工艺规范和优质乳产品评价4个科学内涵，形成了完整的优质乳工程技术体系，已经列入《国民营养计划》2021—2022年重点工作。乳品企业通过学习掌握这一技术体系，实施优质乳工程。

在国家农业科技创新联盟指导下，国家奶业科技创新联盟已经完成实体化工作，成立"天津市奶业科技创新协会"和"中优乳奶业研究院（天津）有限公司"，共同组织实施优质乳工程。2021年，优质乳工程产品标识以团体标准的形式发布，用于规范国家奶业科技创新联盟内已经通过优质乳工程验收企业的产品使用标识。

"优工联"标识是联盟企业产品达到优质乳标准并通过国家优质乳工程验收后方可使用的专用标志。优工联指优质乳工程联合体，寓意产品蕴含的优质工匠精神，代表国产牛奶的高品质。"优工联"标识由企业自愿申请使用，经国家奶业科技创新联盟审定并公布，由中优乳奶业研究院对申请企业进行授权，是用于标识通过优质乳工程验收产品的专用标志。

带有"优工联"标识的产品只有经过生产—加工—产品—贮运—消费五大环节全产业链高质量标准严格管控方可达到，最大程度地保留了乳铁蛋白、α-乳白蛋白、β-乳球蛋白等活性因子。二维码发挥着溯源、追踪的重要功能，确保每款使用"优工联"标识的优质乳产品持续稳定达到"安全健康、绿色低碳、营养鲜活"的标准。

# 第四章 中国优质乳工程

## 一、优质乳工程企业总体介绍

2016—2021年，申请加入实施优质乳工程企业共60家，分布在全国25个省（区、市）。截至2021年底，已通过国家奶业科技创新联盟优质乳工程验收的企业35家，其中2016年验收3家企业，2017年新增验收11家企业，2018年新增验收14家企业，2019年新增验收1家企业，2020年新增验收1家企业，2021年新增验收5家企业。另外，尚有25家企业正在实施优质乳工程（图4-1，图4-2）。

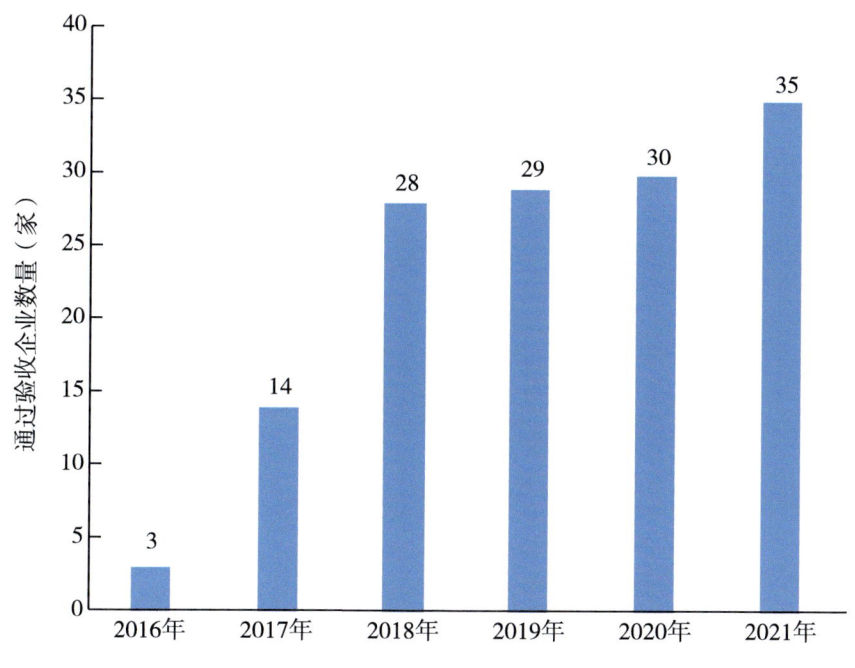

图4-1 通过优质乳工程验收企业变化情况

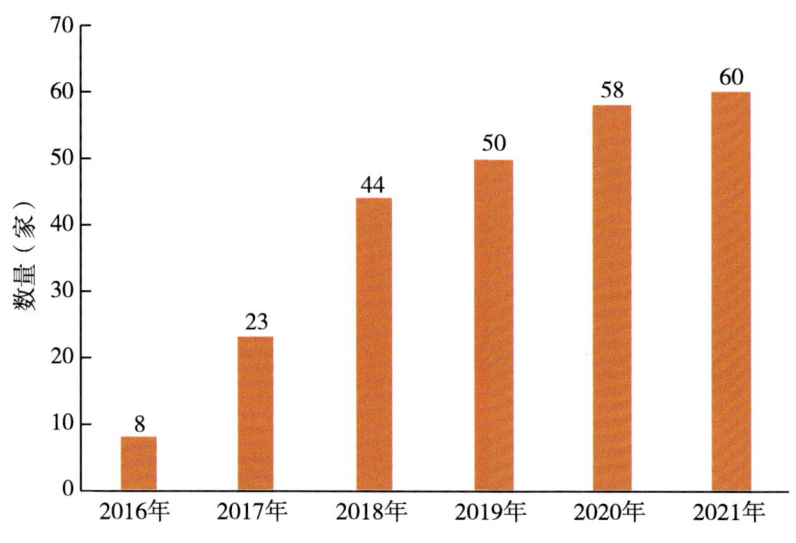

图4-2 申请加入实施优质乳工程企业变化情况

## 二、优质乳工程产品抽检与复评审情况

2021年度共有28家通过优质乳工程验收的企业参加了优质乳工程产品抽检与复评审。其中18家通过两次抽检，4家通过一次抽检（同年开展一次复评审验证），9家开展了复评审抽检。

2021年度国家奶业科技创新联盟抽检22家共计107款通过优质乳工程验收的巴氏杀菌奶产品，参加抽检的107款优质乳产品各项指标符合《优质巴氏杀菌乳》（T/TDSTIA 004—2019）的规定：糠氨酸≤12mg/100g蛋白质，乳铁蛋白≥25mg/L，β-乳球蛋白≥2 200mg/L，结果如下。

糠氨酸含量最大值为11.8mg/100g蛋白质,最小值为6.0mg/100g蛋白质,平均值为7.3mg/100g蛋白质(图4-3)。

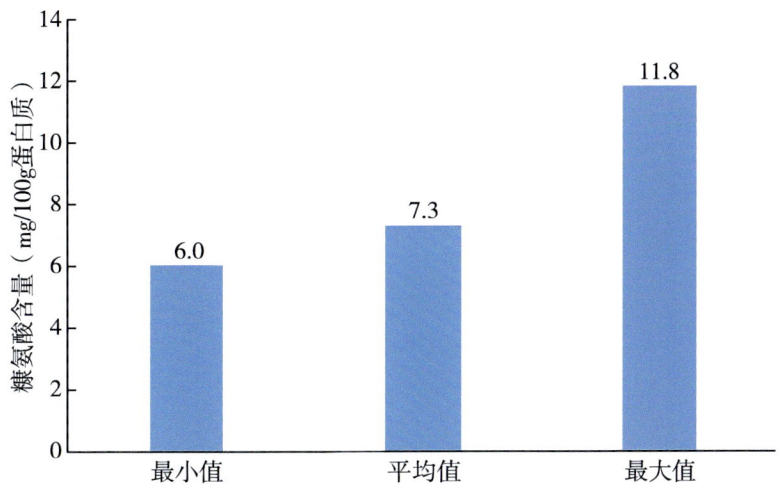

**图4-3　2021年优质乳工程糠氨酸抽检结果**

乳铁蛋白含量最大值为102.0mg/L,最小值为25.3mg/L,平均值为49.4mg/L(图4-4)。

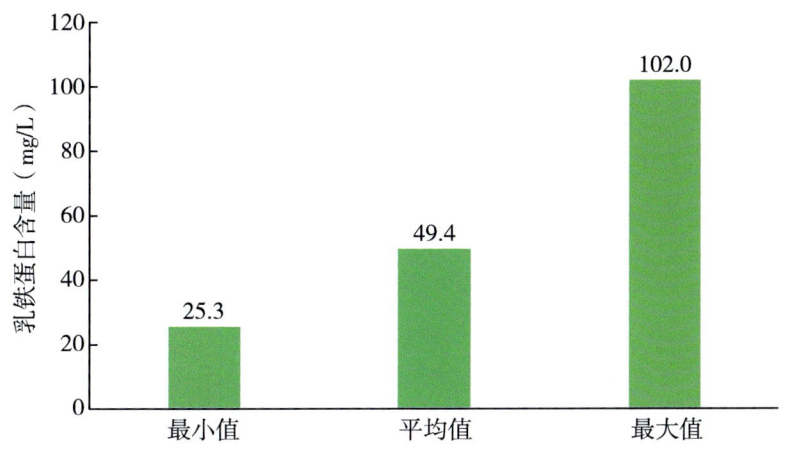

**图4-4　2021年优质乳工程乳铁蛋白抽检结果**

β-乳球蛋白含量最大值为4 644.8mg/L，最小值为2 220.9mg/L，平均值为3 182.4mg/L（图4-5）。

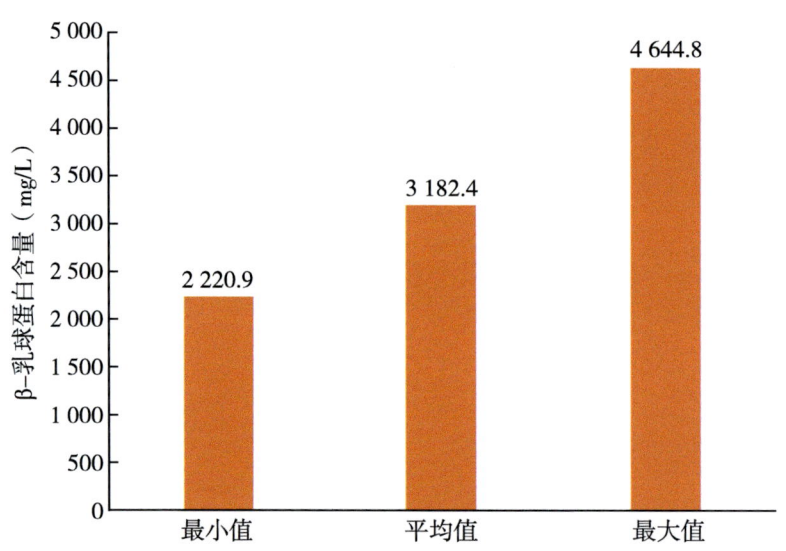

图4-5 2021年优质乳工程β-乳球蛋白抽检结果

2021年度，国家奶业科技创新联盟对9家共计32款通过优质乳工程验收的巴氏杀菌奶产品开展了复评审验证，参加复评审验证的32款优质乳工程产品各项指标符合《优质巴氏杀菌乳》（T/TDSTIA 004—2019）的规定：糠氨酸≤12mg/100g蛋白质，乳铁蛋白≥25mg/L，β-乳球蛋白≥2 200mg/L，结果如下。

糠氨酸含量最大值为10.9mg/100g蛋白质，最小值为5.8mg/100g蛋白质，平均值为6.8mg/100g蛋白质（图4-6）。

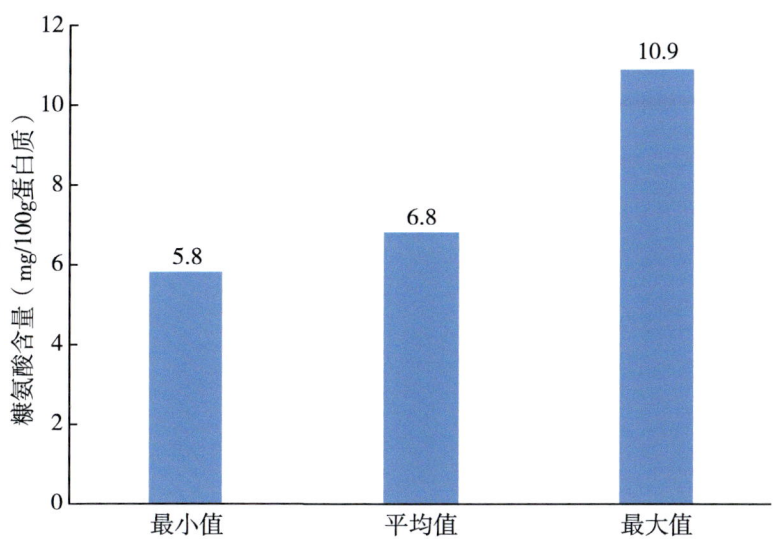

图4-6 2021年优质乳工程糠氨酸复评审验证结果

乳铁蛋白含量最大值为117.0mg/L，最小值为25.7mg/L，平均值为49.6mg/L（图4-7）。

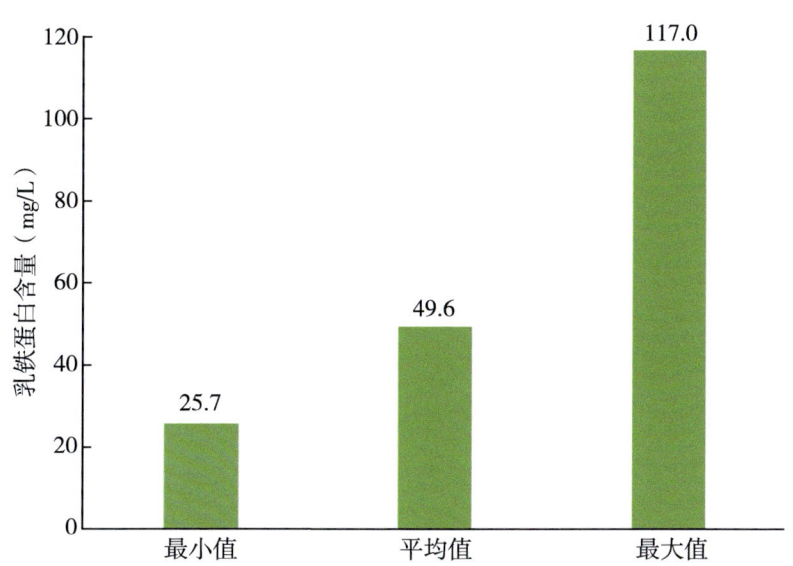

图4-7 2021年优质乳工程乳铁蛋白复评审验证结果

β-乳球蛋白含量最大值为4 373.1mg/L，最小值为2 203.8mg/L，平均值为3 400.2mg/L（图4-8）。

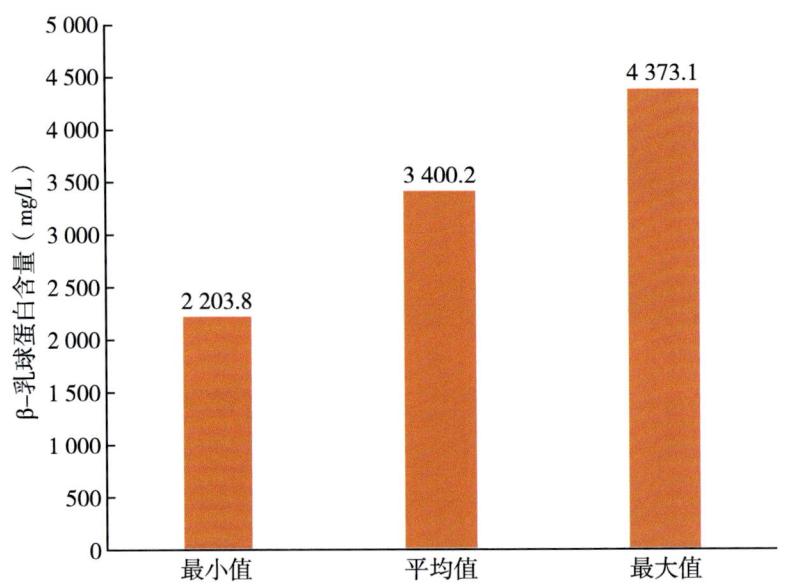

图4-8　2021年优质乳工程β-乳球蛋白复评审验证结果

## 三、优质乳产品质量评价

2021年度，优质乳工程开展验收、抽检与复评审产品共计322批次样品，各项指标符合《优质巴氏杀菌乳》（T/TDSTIA 004—2019）的规定：糠氨酸≤12mg/100g蛋白质，乳铁蛋白≥25mg/L，β-乳球蛋白≥2 200mg/L。

与进口巴氏杀菌奶进行比较，发现国产优质巴氏杀菌奶糠氨酸含量显著低于进口巴氏杀菌奶，而乳铁蛋白和β-乳球蛋白含量则显著高于进口产品（图4-9至图4-11）。

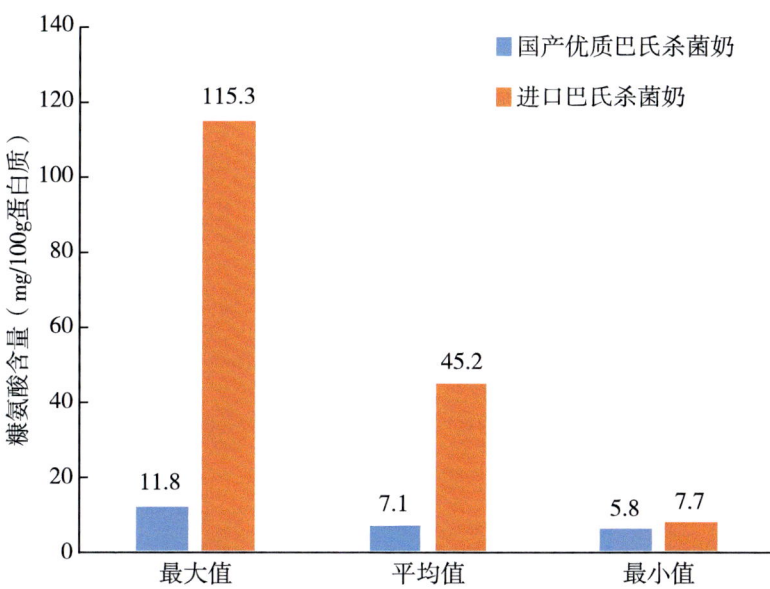

**图4-9　2021年国产优质巴氏杀菌奶与进口巴氏杀菌奶糠氨酸分析结果**

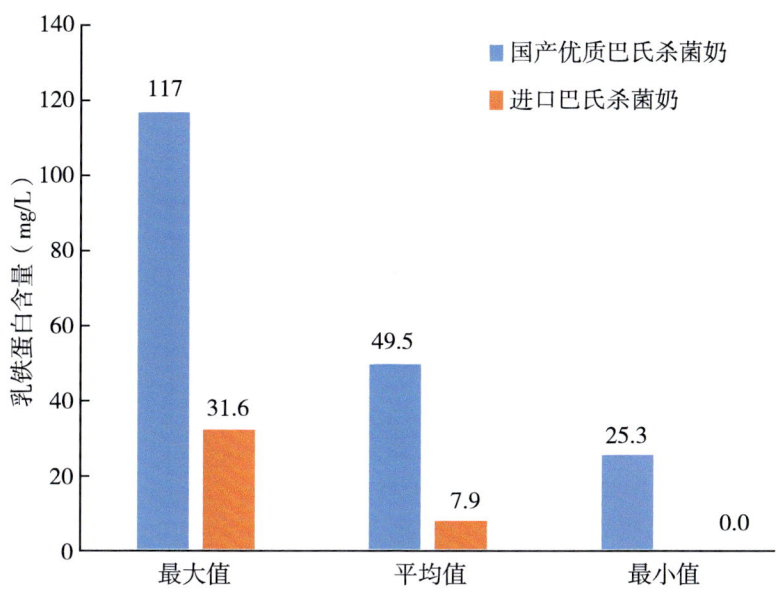

**图4-10　2021年国产优质巴氏杀菌奶与进口巴氏杀菌奶乳铁蛋白分析结果**

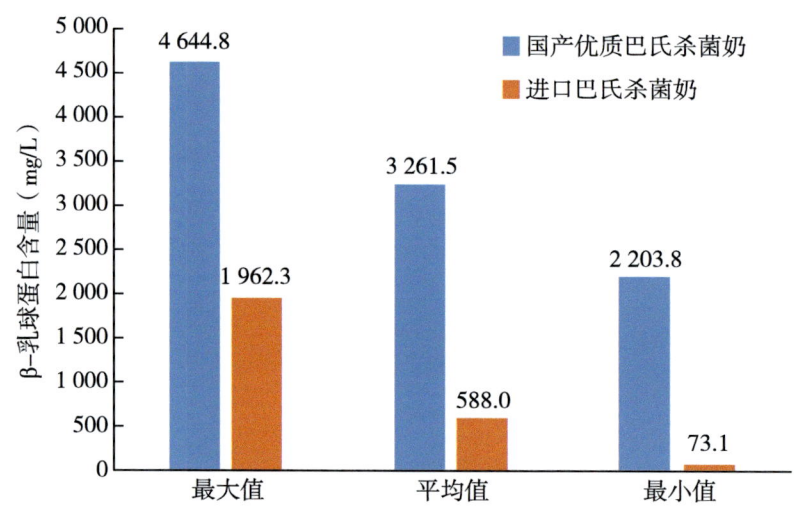

图4-11  2021年国产优质巴氏杀菌奶与进口巴氏杀菌奶
β-乳球蛋白分析结果

## 四、优质牧场原料奶质量评价

2021年国家奶业科技创新联盟针对通过优质乳工程验收的优质奶源牧场共计343批次生乳样品开展了验收、抽检和复评审验证,参加验收、抽检和复评审验证的343批次优质奶源牧场生乳样品各项指标符合《特优级生乳》（T/TDSTIA 002—2019）的规定：脂肪≥3.4g/100g,蛋白质≥3.1g/100g,菌落总数≤$5.0×10^4$CFU/mL,体细胞数≤$3.0×10^5$个/mL;优于美国PMO和欧盟标准。美国PMO条例规定：蛋白质≥2.0g/100g,菌落总数≤$1.0×10^5$CFU/mL,体细胞数≤$7.5×10^5$个/mL。欧盟标准规定：蛋白质≥2.9g/100g,菌落总数≤$1.0×10^5$CFU/mL,体细胞数≤$4.0×10^5$个/mL。

通过验收的优质奶源牧场生乳与欧美等国家和地区限量标准进行比较,发现通过优质乳工程验收的优质奶源牧场蛋白质和脂肪含量平均值显著高于优质乳工程特优级生乳标准,菌落总数和体细胞数平均值远超欧美等国家和地区标准(图4-12至图4-15)。

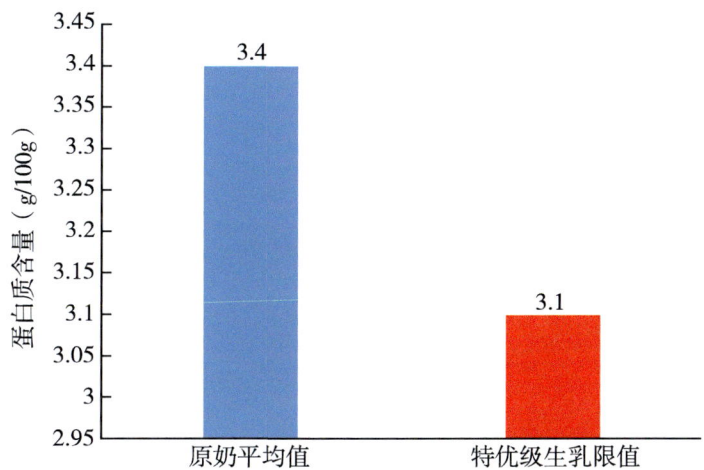

**图4-12　2021年优质奶源牧场生乳蛋白质含量与特优级生乳标准比较**

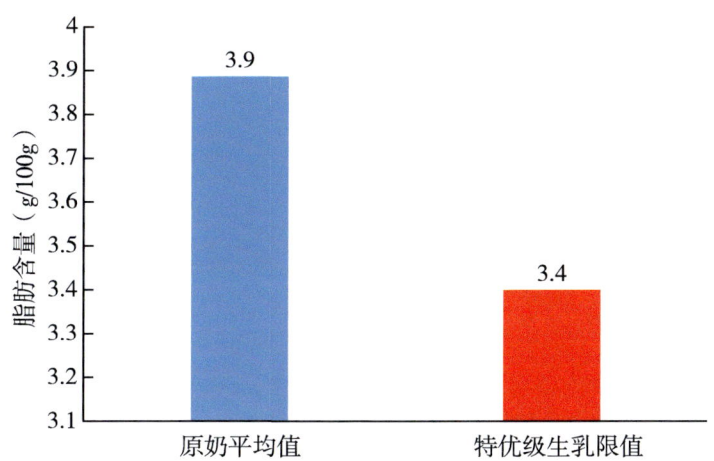

**图4-13　2021年优质奶源牧场生乳脂肪含量与特优级生乳标准比较**

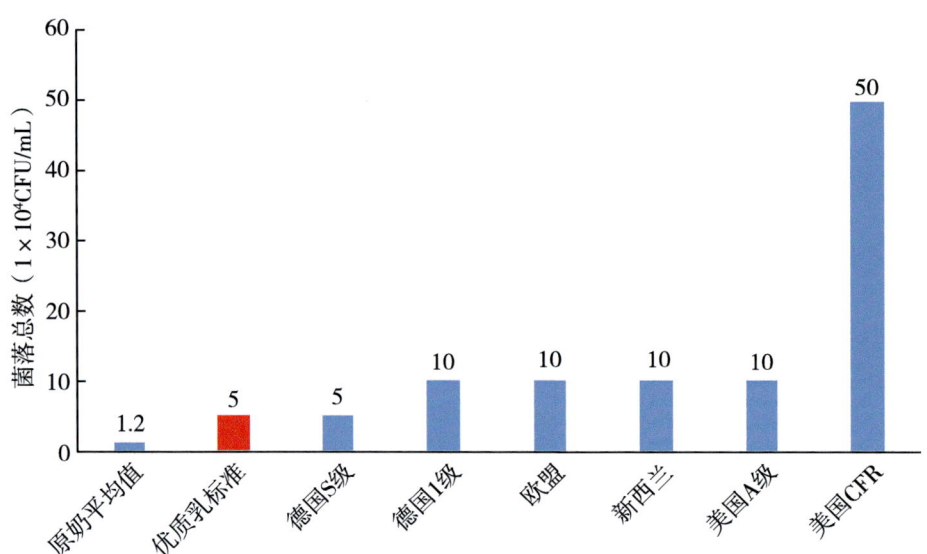

图4-14 2021年优质奶源牧场生乳菌落总数与
欧美等国家和地区限量标准比较

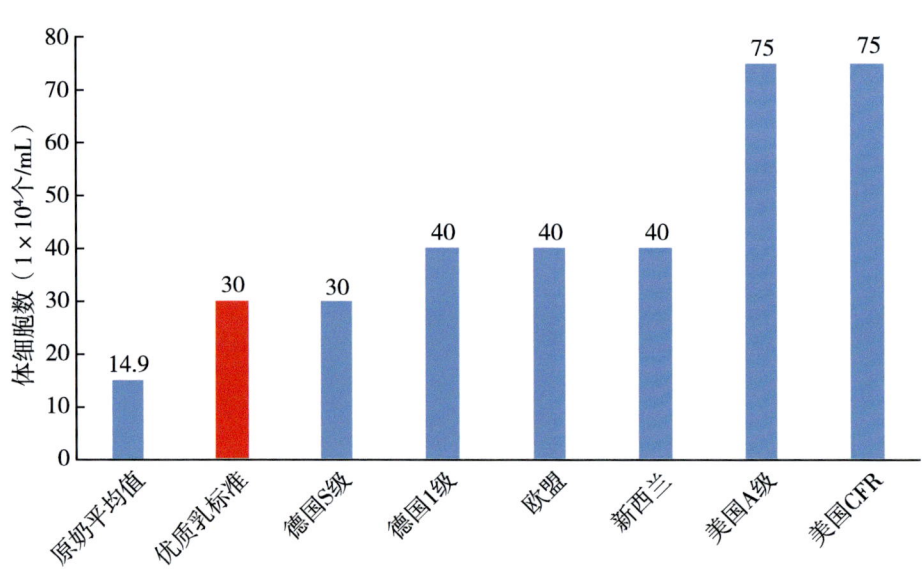

图4-15 2021年优质奶源牧场生乳体细胞数与
欧美等国家和地区限量标准比较

## 五、优质乳工程大事记

2021年1月24日,国家奶业科技创新联盟理事长王加启在"君乐宝旗帜乳业国粉日"会议活动中作"旗帜乳业婴幼儿配方奶粉质量2020年度评价报告"演讲。同日,国家奶业科技创新联盟与旗帜乳业针对"婴幼儿配方奶粉新鲜度标准研究项目"举行了签约仪式(图4-16)。

图4-16 奶业联盟与旗帜乳业"婴幼儿配方奶粉新鲜度标准研究项目"签约仪式

为贯彻落实农业农村部和国家发展改革委等7部委关于《国家质量兴农战略规划(2018—2022年)》的要求,加快推进农业高质量发展,构建产业优势区域布局,实现全程标准化、产品优质化,打造高品质有口碑的农产品品牌,实现优质优价。2021年3月30日，国家奶业科技创新联盟与"吴忠牛乳"地理标志农产品保护工程合作成立教授工作站（图4-17）。中国工程院院士陈君石、吴忠市政协副主席李焕民共同为"吴忠牛乳"地理标志农产品保护工程教授工作站揭牌，王加启研究员任教授工作站站长。

**图4-17　"吴忠牛乳"地理标志农产品保护工程教授工作站成立**

2021年4月18日，国家奶业科技创新联盟（以下简称"奶业联盟"）2021年工作会议召开，会上"奶业联盟"首次发布了"优工联"标识（图4-18）。同时对于为"面向人民生命健康"而勇于创新的有突出贡献的光明乳业、中国飞鹤、卫岗乳业等31家企业，以及蔡永康、高丽娜、谭玲等12位突出贡献个人进行了表彰，颁发了"优质乳工程助力健康中国先进企业"奖牌和"奶业优质发展突出贡献个人"奖章（图4-19，图4-20）。

图4-18 国家奶业科技创新联盟2021年工作会议发布"优工联"标识

图4-19 国家奶业科技创新联盟颁发"优质乳工程助力健康中国先进企业"奖

图4-20 国家奶业科技创新联盟颁发"奶业优质发展突出贡献个人"奖

2021年4月20日，得益乳业通过优质乳工程复评审验收（图4-21）。实施优质乳工程4年，证实其在奶源—加工—产品—物流—营销等全产业链上，稳定达到优质乳工程标准体系。2018年5月，得益乳业首次通过国家奶业科技创新联盟优质乳工程验收。坚持4年，得益乳业已经有5款产品通过优质乳工程验收，并举办了成果发布会（图4-22）。

**图4-21　山东得益乳业通过优质乳工程复评审**
**（2021年4月20日）**

**图4-22　山东得益乳业通过优质乳工程复评审成果发布会**
**（2021年4月21日）**

2021年4月23日，国家奶业科技创新联盟理事长王加启、副理事长郑楠、秘书长张养东一行参加了由现代牧业主办的"乳品企业现代化评价工作启动会暨现代奶牛场定级与评价推进会"会议（图4-23）。

图4-23　国家奶业科技创新联盟参加"乳品企业现代化评价工作启动会暨现代奶牛场定级与评价推进会"

2021年4月28日，南京卫岗乳业通过优质乳工程复评审验收（图4-24，图4-25）。实施优质乳工程4年，证实其在奶源—加工—产品—物流—营销等全产业链上，稳定达到优质乳工程标准体系。2018年11月，南京卫岗乳业首次通过国家奶业科技创新联盟优质乳工程验收，坚持4年，南京卫岗乳业已经有3款产品通过优质乳工程验收。

图4-24　南京卫岗乳业通过优质乳工程复评审
（2021年4月28日）

图4-25　南京卫岗乳业通过优质乳工程复评审验收会
（2021年4月28日）

2021年5月13日，国家奶业科技创新联盟理事长王加启、副理事长郑楠、秘书长张养东一行赴旗帜乳业交流研讨优质奶粉工程事宜，并调研考察了旗帜乳业生产车间（图4-26）。

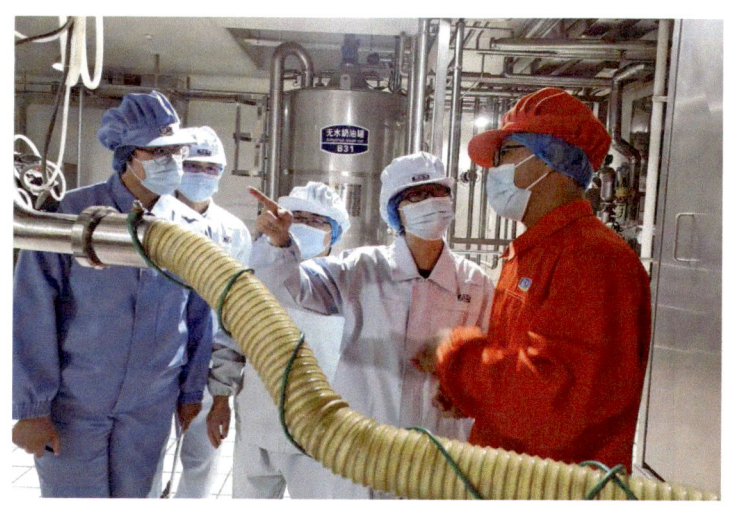

图4-26 国家奶业科技创新联盟专家在旗帜乳业生产车间调研

2021年5月15日,国家奶业科技创新联盟理事长王加启、秘书长张养东一行赴皇氏集团湖南优氏乳业有限公司调研交流优质乳工程事宜;湖南优氏乳业有限公司优质乳工程启动会召开(图4-27)。

图4-27 皇氏集团湖南优氏乳业优质乳工程启动会召开

2021年5月20日，扬大康源乳业首次通过国家奶业科技创新联盟优质乳工程验收（图4-28）。

**图4-28　扬大康源乳业通过优质乳工程验收**

2021年5月22日，国家奶业科技创新联盟理事长王加启、秘书长张养东一行赴现代牧业（商河）有限公司调研优质乳工程牧场创建情况（图4-29）。

**图4-29　国家奶业科技创新联盟专家在现代牧业商河牧场调研**

2021年5月26日，国家奶业科技创新联盟优质乳工程产品再一次作为中国农业科学院的"农科开放日"明星产品闪亮登场（图4-30）。农业农村部党组成员、中国农业科学院院长、党组书记等领导班子成员现场品鉴优质乳工程产品（图4-31，图4-32）。

图4-30　国家奶业科技创新联盟优质乳工程技术产品在中国农业科学院"农科开放日"活动中参展

图4-31　国家奶业科技创新联盟秘书长张养东向时任中国农业科学院院长唐华俊（左四）、党组书记张合成（左五）等领导班子成员介绍优质乳工程技术产品

图4-32　国家奶业科技创新联盟理事长王加启向中国农业科学院副院长梅旭荣（左一）介绍优质乳工程技术产品

2021年5月31日，国家奶业科技创新联盟秘书长张养东一行赴现代牧业（宝鸡）有限公司牧场调研考核优质乳工程牧场创建情况，并带领专家组开展牧场评审验收（图4-33）。

图4-33　现代牧业（宝鸡）优质乳工程牧场评审验收

2021年6月6日，国家奶业科技创新联盟秘书长张养东一行赴现代牧业（通辽）有限公司牧场调研考核优质乳工程牧场创建情况，并带领专家组开展牧场评审验收（图4-34）。

**图4-34　现代牧业（通辽）优质乳工程牧场现场评审验收**

2021年6月8日，国家奶业科技创新联盟秘书长张养东一行赴现代牧业（和林）有限公司牧场调研考核优质乳工程牧场创建情况，并带领专家组开展牧场评审验收（图4-35）。

**图4-35　现代牧业（和林）优质乳工程牧场现场评审验收**

2021年6月13日，国家奶业科技创新联盟理事长王加启、副理事长郑楠、秘书长张养东一行赴福建长富乳业交流沟通优质乳工程工作进展情况（图4-36）。

图4-36　国家奶业科技创新联盟专家赴福建长富乳业
交流优质乳工程工作进展

2021年6月23日国家奶业科技创新联盟理事长王加启、副理事长郑楠、秘书长张养东一行赴现代牧业（蚌埠）牧场调研考核优质乳工程牧场创建情况，并带领专家组开展优质乳工程牧场评审验收（图4-37）。

图4-37　现代牧业（蚌埠）优质乳工程牧场现场评审验收

2021年6月27日，国家奶业科技创新联盟杜兵耀博士和唐文浩，与验收专家组一行5人到兰州庄园乳业开展优质乳工程验收。通过现场查阅兰州庄园实施优质乳工程资料、优质乳核心指标第三方检测结果，听取企业汇报等环节，专家组一致同意兰州庄园通过国家奶业科技创新联盟优质乳工程验收。

2021年6月30日，国家奶业科技创新联盟秘书长张养东参加兰州庄园牧场股份有限公司通过国家奶业科技创新联盟优质乳工程验收新闻发布会。甘肃省副省长张锦刚、李沛兴以及省委领导班子成员出席会议，听取了庄园乳业优质乳工程汇报，并见证了优质乳工程示范工厂授牌仪式（图4-38，图4-39）。

**图4-38　兰州庄园牧场股份有限公司通过优质乳工程验收发布会**

图4-39 国家奶业科技创新联盟对兰州庄园牧场"优质乳工程示范工厂"授牌

2021年7月10日,国家奶业科技创新联盟副理事长郑楠、秘书长张养东一行赴飞鹤乳业甘南牧场和牧场饲草品种筛选基地开展优质乳工程技术交流工作(图4-40,图4-41)。

图4-40 国家奶业科技创新联盟专家在飞鹤乳业甘南牧场调研交流

**图4-41　国家奶业科技创新联盟专家在飞鹤乳业甘南牧场对饲草品种筛选调研交流**

2021年7月15日，国家奶业科技创新联盟秘书长张养东等专家组一行赴贵州好一多乳业股份有限公司开展优质乳工程验收。通过现场查阅好一多乳业实施优质乳工程资料、优质乳核心指标第三方检测结果，听取企业汇报等环节，专家组一致同意贵州好一多乳业通过奶业联盟优质乳工程验收（图4-42，图4-43）。

**图4-42　国家奶业科技创新联盟在贵州好一多乳业验收评审**

**图4-43 贵州好一多乳业通过优质乳工程验收**

2021年7月16日，国家奶业科技创新联盟理事长王加启、秘书长张养东一行参加了贵州好一多乳业股份有限公司通过国家优质乳工程验收新闻发布会，并进行了优质乳工程示范工厂和示范牧场授牌（图4-44）。贵州省农业农村厅副厅长张元鑫表示，好一多乳业在贵州首家通过国家优质乳工程验收，是贵州乳业发展史上一件具有标志性意义的大事件。

**图4-44 国家奶业科技创新联盟对贵州好一多优质乳工程示范工厂和示范牧场授牌**

2021年7月17日，由国家奶业科技创新联盟与现代牧业联合举办的现代牧业优质乳工程成果发布会在合肥召开（图4-45）。奶业联盟理事长王加启在会上首次对2021年度现代牧业优质乳工程评价成果进行了汇报发布（图4-46）。同时，奶业联盟对现代牧业参加验收评价的14个牧场进行了优质乳工程示范牧场和标杆牧场授牌（图4-47，图4-48）。

**图4-45　国家奶业科技创新联盟与现代牧业联合举办优质乳工程成果发布会**

**图4-46　国家奶业科技创新联盟理事长王加启汇报2021年现代牧业优质乳工程评价成果**

图4-47　国家奶业科技创新联盟对现代牧业牧场
"优质乳工程示范牧场"授牌

图4-48　国家奶业科技创新联盟对现代牧业牧场
"优质乳工程标杆牧场"授牌

2021年7月19日，国家奶业科技创新联盟秘书长张养东赴山西九牛牧业开展优质乳工程技术交流工作，现场详细考察了山西九牛牧业优质乳工程实施进展，为下一步顺利通过优质乳工程验收提出了建设性的指导意见（图4-49）。

图4-49　国家奶业科技创新联盟秘书长张养东
在山西九牛牧业调研指导

2021年7月22日，国家奶业科技创新联盟秘书长张养东赴甘肃祁牧乳业开展优质乳工程技术交流工作，现场听取了祁牧乳业实施优质乳工程进展汇报，并与祁牧乳业交流沟通了优质乳工程实施进程，对企业优质乳工程下一步工作进行指导（图4-50）。

图4-50　国家奶业科技创新联盟秘书长张养东
在甘肃祁牧乳业调研指导

2021年7月24日，国家奶业科技创新联盟秘书长张养东与中国奶业协会高级畜牧师周振峰一行赴四川雪宝乳业开展优质乳工程技术交流工作，双方详细交流沟通了雪宝乳业优质乳工程实施进展（图4-51），同时，专家组一行到雪宝牧场实地进行了考察调研（图4-52）。

图4-51　国家奶业科技创新联盟专家在雪宝乳业交流沟通优质乳工程技术体系

图4-52　国家奶业科技创新联盟专家在雪宝牧场调研交流

2021年8月26日，国家奶业科技创新联盟秘书长张养东赴青岛新希望琴牌乳业有限公司参加琴牌乳业优质乳新产品"黄金24小时鲜牛奶"新闻发布会和琴牌优质乳产品二期生产工厂竣工仪式（图4-53至图4-55）。

**图4-53** 国家奶业科技创新联盟秘书长张养东参加青岛新希望琴牌乳业有限公司新品发布会

**图4-54** 国家奶业科技创新联盟秘书长张养东在青岛新希望琴牌乳业有限公司圆桌论坛活动现场

**图4-55** 青岛新希望琴牌乳业有限公司二期巴氏鲜奶智能工厂启动仪式

2021年9月17日，国家奶业科技创新联盟与宁夏农业农村厅、吴忠市畜牧兽医局签署战略合作协议，共同研发"吴忠牛乳"地理标志性标准体系。联盟理事长王加启向与会人员汇报介绍了优质乳工程技术体系实施情况（图4-56）；来自全国各个省市农产品质量安全系统的公职人员参加了本次会议。

**图4-56** 国家奶业科技创新联盟理事长王加启介绍优质乳工程技术体系实施情况

2021年9月25日,在亚洲国际乳业博览会上,国家奶业科技创新联盟理事长王加启作"优质乳工程助力健康中国"报告,详细阐述了奶类在人类健康的功能,肯定了燕塘乳业、风行乳业、温氏乳业对维护广东人民健康的贡献,以及依托优质乳工程技术体系显著提升产品的品质,服务于健康中国战略的辛苦工作(图4-57、图4-58)。

**图4-57　国家奶业科技创新联盟理事长王加启在亚洲国际乳业博览会上作"优质乳工程助力健康中国"主题报告**

**图4-58　国家奶业科技创新联盟理事长王加启在亚洲国际乳业博览会上介绍燕塘乳业、风行乳业、温氏乳业的优质乳产品**

2021年10月15—16日，中国农业科学院北京畜牧兽医研究所奶业创新团队广邀行业同仁，召开了为期两天的"2021年优质乳技术研讨会"。西北农林科技大学副校长罗军教授，广西水牛研究所所长/书记黄加祥研究员，奶业创新团队首席王加启研究员、执行首席郑楠博士、刘慧敏博士以及全国8家科研高校的相关研究人员共计19人参加了此次会议（图4-59，图4-60）。本次会议围绕十四五专项工作要求开展了国内外优质特色乳工程技术研发进展的交流。

图4-59　中国农业科学院北京畜牧兽医研究所奶业创新团队邀行业同仁召开"2021年优质乳工程技术研讨会"

图4-60　奶业创新团队组织召开"2021年优质乳工程技术研讨会"现场

2021年10月17日，国家奶业科技创新联盟秘书长张养东、国家农业科技创新联盟庄严处长等一行赴湛江燕塘乳业有限公司开展优质乳工程验收。通过现场查阅湛江燕塘乳业实施优质乳工程资料、优质乳核心指标第三方检测结果，听取企业汇报等环节，专家组一致同意并宣布湛江燕塘乳业通过国家奶业科技创新联盟优质乳工程验收（图4-61）。

图4-61 湛江燕塘乳业通过优质乳工程验收

2021年11月13日，国家奶业科技创新联盟理事长王加启、副理事长郑楠、秘书长张养东，兰州大学李发弟教授，河北农业大学李建国教授，农业农村部科技发展中心杨雄年主任等专家通过视频会议的形式线上听取了甘肃祁牧乳业实施优质乳工程工作成果汇报；通过查阅甘肃祁牧乳业实施优质乳工程资料、优质乳核心指标第三方检测结果等环节,专家组一致同意并宣布甘肃祁牧乳业通过国家奶业科技创新联盟优质乳工程验收(图4-62)。

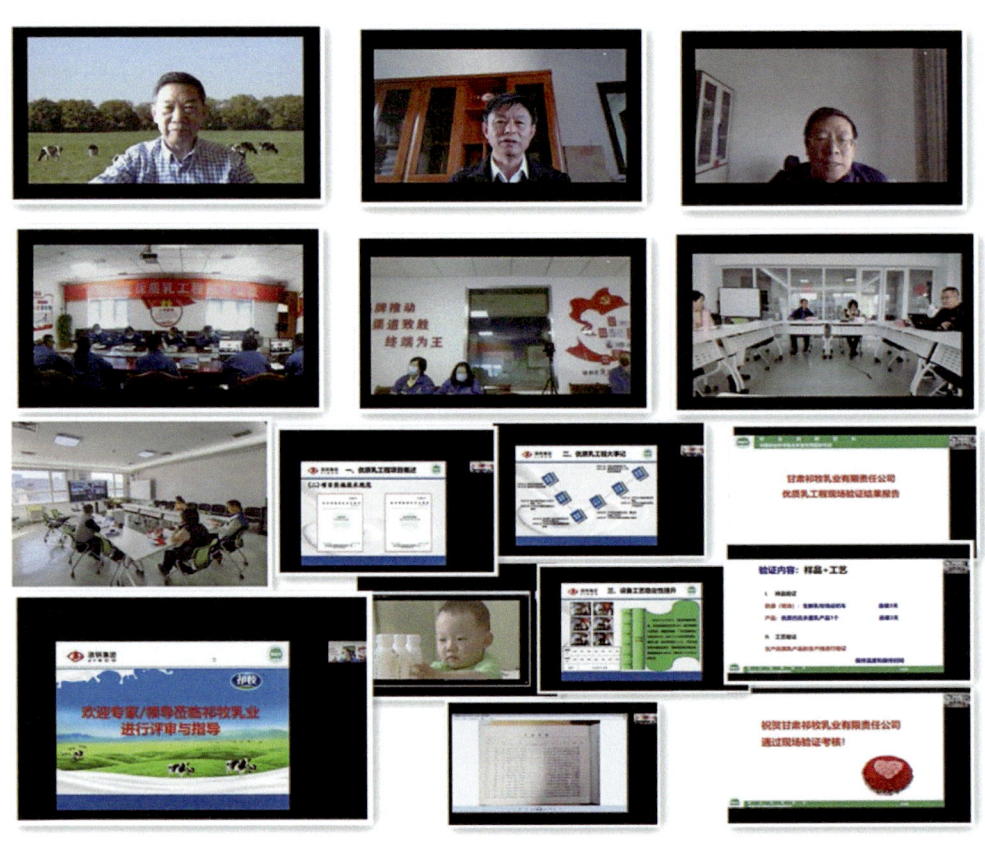

图4-62　甘肃祁牧乳业通过优质乳工程验收评审会

# 参考文献

国际乳品联合会，2021-10-08. The World Dairy Situation[EB/OL]. https://fil-idf.org/world-dairy-situation-report-2021-2/.

国家奶牛产业体系，2022-01-26. 中国奶业贸易月报[EB/OL]. https://mp.weixin.qq.com/s?__biz=MzUzNTYwMTY3OA.

国家奶牛产业体系，2022-03-01. 中国奶业经济月报[EB/OL]. https://mp.weixin.qq.com/s?__biz=MzUzNTYwMTY3OA.

国家市场监督管理总局食品安全抽检监测司，2022-05-06. 市场监管总局关于2021年市场监管部门食品安全监督抽检情况的通知[EB/OL]. https://gkml.samr.gov.cn/nsjg/spcjs/202205/t20220506_344700.html.

国家统计局，2022-02-28. 中华人民共和国2021年国民经济和社会发展统计公报[EB/OL]. http://www.gov.cn/xinwen/2022-02-28/content_5676015.htm.

经济日报，2022-03-21. 伊利集团消费趋势报告（乳制品）

[EB/OL].（2022-03-21）. https://baijiahao.baidu.com/s?id=1727853409225216242&wfr=spider&for=pc.

联合国粮食及农业组织，2022-07-17. 粮食和农业数据[EB/OL]. https://www.fao.org/faostat/zh/.

刘长全，2022. 2021年中国奶业经济形势回顾及2022年展望[J]. 中国畜牧杂志（3）：232-238.

欧盟食品与饲料快速预警系统[EB/OL]. https://food.ec.europa.eu/safety/rasff-food-and-feed-safety-alerts_e.

中华人民共和国海关总署，2022-07-17. 统计月报数据[EB/OL]. http://www.customs.gov.cn/.

# 致　谢

**衷心感谢以下单位和项目的支持：**

农业农村部农产品质量安全监管司

农业农村部畜牧兽医局

农业农村部农垦局

农业农村部奶产品质量安全风险评估实验室（北京）

农业农村部奶及奶制品质量监督检验测试中心（北京）

农业农村部奶及奶制品质量安全控制重点实验室

国家奶业科技创新联盟

国家奶产品质量安全风险评估重大专项

农产品（生鲜乳、复原乳）质量安全监管专项

国家奶牛产业技术体系

中国农业科学院科技创新工程